第二次青藏高原综合科学考察研究丛书

国家出版基金项目
NATIONAL PUBLICATION FOUNDATION

雅鲁藏布大峡谷
水汽通道科学考察

陈学龙　徐祥德　著

科学出版社

北京

内 容 简 介

本书是第二次青藏高原综合科学考察研究之藏东南关键区雅鲁藏布大峡谷水汽通道科学考察的总结性专著,亦是青藏高原藏东南水汽输送研究的最新成果。全书共11章,介绍了雅鲁藏布大峡谷两次科考的背景、意义、目标及内容;回顾了雅鲁藏布大峡谷地区近几十年来的自然环境与气候背景;介绍了2018年开展的雅鲁藏布大峡谷地表能量平衡过程和水汽输送空间分布考察、大峡谷水汽输送对该地区云降水和三江源地区的水循环的影响;分析了热带季节内振荡如何将印度洋的水汽传输至青藏高原,以及ENSO如何影响青藏高原的水汽及降水。本书通过科学考察获得可分析的第一手观测资料,对雅鲁藏布大峡谷水汽输送的长期变化及其主要原因进行分析,以期为雅鲁藏布江水资源管理、生态环境保护以及"一带一路"绿色可持续发展提供科学支撑。

本书可供大气科学、水文学、地球科学等专业的科研、教学等相关人员参考使用。

审图号: GS (2022) 556号

图书在版编目(CIP)数据

雅鲁藏布大峡谷水汽通道科学考察 / 陈学龙,徐祥德著. —北京:科学出版社,2022.5
(第二次青藏高原综合科学考察研究丛书)
国家出版基金项目
ISBN 978-7-03-072132-7

Ⅰ.①雅⋯ Ⅱ.①陈⋯ ②徐⋯ Ⅲ.①雅鲁藏布江–峡谷–大气物理学–科学考察 Ⅳ.①P942.700.77

中国版本图书馆CIP数据核字(2022)第068469号

责任编辑:朱 丽 郭允允 赵 晶 / 责任校对:杨 赛
责任印制:肖 兴 / 封面设计:吴霞暖

科 学 出 版 社 出版

北京东黄城根北街16号
邮政编码:100717
http://www.sciencep.com

北京汇瑞嘉合文化发展有限公司 印刷

科学出版社发行 各地新华书店经销

*

2022年5月第 一 版 开本:787×1092 1/16
2022年5月第一次印刷 印张:13 3/4
字数:326 000

定价:208.00元

"第二次青藏高原综合科学考察研究丛书"
指导委员会

第二次青藏高原综合科学考察队
雅鲁藏布大峡谷水汽通道科考分队骨干人员名单

姓名	职务	工作单位
徐祥德	分队长	中国气象科学研究院
陈学龙	执行分队长	中国科学院青藏高原研究所
张胜军	队员	中国气象科学研究院
李茂善	队员	成都信息工程大学
罗斯琼	队员	中国科学院西北生态环境资源研究院
夏俊荣	队员	南京信息工程大学
王改利	队员	中国气象科学研究院
扎西索朗	队员	墨脱县气象局
王 欣	队员	中国科学院西北生态环境资源研究院
王作亮	队员	中国科学院西北生态环境资源研究院
赖 悦	队员	中国科学院青藏高原研究所
李璐含	队员	中国科学院青藏高原研究所
刘亚静	队员	中国科学院青藏高原研究所
袁 令	队员	中国科学院青藏高原研究所
王玉阳	队员	中国科学院青藏高原研究所
薛小伟	队员	中国科学院青藏高原研究所
张 斌	队员	中国科学院青藏高原研究所
郑海兵	队员	中国科学院青藏高原研究所

丛书序一

　　青藏高原是地球上最年轻、海拔最高、面积最大的高原，西起帕米尔高原和兴都库什、东到横断山脉、北起昆仑山和祁连山、南至喜马拉雅山区，高原面海拔 4500 米上下，是地球上最独特的地质 – 地理单元，是开展地球演化、圈层相互作用及人地关系研究的天然实验室。

　　鉴于青藏高原区位的特殊性和重要性，新中国成立以来，在我国重大科技规划中，青藏高原持续被列为重点关注区域。《1956—1967 年科学技术发展远景规划》《1963—1972 年科学技术发展规划》《1978—1985 年全国科学技术发展规划纲要》等规划中都列入针对青藏高原的相关任务。1971 年，周恩来总理主持召开全国科学技术工作会议，制订了基础研究八年科技发展规划（1972—1980 年），青藏高原科学考察是五个核心内容之一，从而拉开了第一次大规模青藏高原综合科学考察研究的序幕。经过近 20 年的不懈努力，第一次青藏综合科考全面完成了 250 多万平方千米的考察，产出了近 100 部专著和论文集，成果荣获了 1987 年国家自然科学奖一等奖，在推动区域经济建设和社会发展、巩固国防边防和国家西部大开发战略的实施中发挥了不可替代的作用。

　　自第一次青藏综合科考开展以来的近 50 年，青藏高原自然与社会环境发生了重大变化，气候变暖幅度是同期全球平均值的两倍，青藏高原生态环境和水循环格局发生了显著变化，如冰川退缩、冻土退化、冰湖溃决、冰崩、草地退化、泥石流频发，严重影响了人类生存环境和经济社会的发展。青藏高原还是"一带一路"环境变化的核心驱动区，将对"一带一路"沿线 20 多个国家和 30 多亿人口的生存与发展带来影响。

　　2017 年 8 月 19 日，第二次青藏高原综合科学考察研究启动，习近平总书记发来贺信，指出"青藏高原是世界屋脊、亚洲水塔，是地球第三极，是我国重要的生态安全屏障、战略资源储备基地，是中华民族特色文化的重要保护地"，要求第二次青藏高原综合科学考察研究要"聚焦水、生态、人类活动，着力解决青藏高原资源环境承载力、灾害风险、绿色发展途径等方面的问题，为守护好世界上最后一方净土、建设美丽的青藏高原作出新贡献，让青藏高原各族群众生活更加幸福安康"。习近平总书记的贺信传达了党中央对青藏高原可持续发展和建设国家生态保护屏障的战略方针。

第二次青藏综合科考将围绕青藏高原地球系统变化及其影响这一关键科学问题，开展西风–季风协同作用及其影响、亚洲水塔动态变化与影响、生态系统与生态安全、生态安全屏障功能与优化体系、生物多样性保护与可持续利用、人类活动与生存环境安全、高原生长与演化、资源能源现状与远景评估、地质环境与灾害、区域绿色发展途径等 10 大科学问题的研究，以服务国家战略需求和区域可持续发展。

"第二次青藏高原综合科学考察研究丛书"将系统展示科考成果，从多角度综合反映过去 50 年来青藏高原环境变化的过程、机制及其对人类社会的影响。相信第二次青藏综合科考将继续发扬老一辈科学家艰苦奋斗、团结奋进、勇攀高峰的精神，不忘初心，砥砺前行，为守护好世界上最后一方净土、建设美丽的青藏高原作出新的更大贡献！

孙鸿烈

第一次青藏科考队队长

丛书序二

　　青藏高原及其周边山地作为地球第三极矗立在北半球，同南极和北极一样既是全球变化的发动机，又是全球变化的放大器。2000年前人们就认识到青藏高原北缘昆仑山的重要性，公元18世纪人们就发现珠穆朗玛峰的存在，19世纪以来，人们对青藏高原的科考水平不断从一个高度推向另一个高度。随着人类远足能力的不断加强，逐梦三极的科考日益频繁。虽然青藏高原科考长期以来一直在通过不同的方式在不同的地区进行着，但对于整个青藏高原的综合科考迄今只有两次。第一次是20世纪70年代开始的第一次青藏科考。这次科考在地学与生物学等科学领域取得了一系列重大成果，奠定了青藏高原科学研究的基础，为推动社会发展、国防安全和西部大开发提供了重要科学依据。第二次是刚刚开始的第二次青藏科考。第二次青藏科考最初是从区域发展和国家需求层面提出来的，后来成为科学家的共同行动。中国科学院的A类先导专项率先支持启动了第二次青藏科考。刚刚启动的国家专项支持，使得第二次青藏科考有了广度和深度的提升。

　　习近平总书记高度关怀第二次青藏科考，在2017年8月19日第二次青藏科考启动之际，专门给科考队发来贺信，作出重要指示，以高屋建瓴的战略胸怀和俯瞰全球的国际视野，深刻阐述了青藏高原环境变化研究的重要性，希望第二次青藏科考队聚焦水、生态、人类活动，揭示青藏高原环境变化机理，为生态屏障优化和亚洲水塔安全、美丽青藏高原建设作出贡献。殷切期望广大科考人员发扬老一辈科学家艰苦奋斗、团结奋进、勇攀高峰的精神，为守护好世界上最后一方净土顽强拼搏。这充分体现了习近平总书记的生态文明建设理念和绿色发展思想，是第二次青藏科考的基本遵循。

　　第二次青藏科考的目标是阐明过去环境变化规律，预估未来变化与影响，服务区域经济社会高质量发展，引领国际青藏高原研究，促进全球生态环境保护。为此，第二次青藏科考组织了10大任务和 60 多个专题，在亚洲水塔区、喜马拉雅区、横断山高山峡谷区、祁连山 – 阿尔金区、天山 – 帕米尔区等 5 大综合考察研究区的 19 个关键区，开展综合科学考察研究，强化野外观测研究体系布局、科考数据集成、新技术融合和灾害预警体系建设，产出科学考察研究报告、国际科学前沿文章、服务国家需求评估和咨询报告、科学传播产品四大体系的科考成果。

两次青藏综合科考有其相同的地方。表现在两次科考都具有学科齐全的特点，两次科考都有全国不同部门科学家广泛参与，两次科考都是国家专项支持。两次青藏综合科考也有其不同的地方。第一，两次科考的目标不一样：第一次科考是以科学发现为目标；第二次科考是以摸清变化和影响为目标。第二，两次科考的基础不一样：第一次青藏科考时青藏高原交通整体落后、技术手段普遍缺乏；第二次青藏科考时青藏高原交通四通八达，新技术、新手段、新方法日新月异。第三，两次科考的理念不一样：第一次科考的理念是不同学科考察研究的平行推进；第二次科考的理念是实现多学科交叉与融合和地球系统多圈层作用考察研究新突破。

"第二次青藏高原综合科学考察研究丛书"是第二次青藏科考成果四大产出体系的重要组成部分，是系统阐述青藏高原环境变化过程与机理、评估环境变化影响、提出科学应对方案的综合文库。希望丛书的出版能全方位展示青藏高原科学考察研究的新成果和地球系统科学研究的新进展，能为推动青藏高原环境保护和可持续发展、推进国家生态文明建设、促进全球生态环境保护做出应有的贡献。

姚檀栋
第二次青藏科考队队长

前　言

　　青藏高原被称为"亚洲水塔"，水塔的水分补给是由各种尺度的大气环流输送到青藏高原的水汽决定的，水汽输送的动态变化对青藏高原"亚洲水塔"功能具有重要的调节作用。雅鲁藏布大峡谷被认为是青藏高原重要的水汽通道，对这一重要水汽通道进行科学考察和观测研究，对于监测"亚洲水塔"的动态变化、保护生态安全屏障和战略资源储备基地均具有重要意义。

　　本书分为 11 章，主要内容如下：

　　第 1 章主要介绍雅鲁藏布大峡谷水汽通道的科学考察成果，并回顾雅鲁藏布大峡谷水资源减少可能的原因，由陈学龙、徐祥德、张胜军、魏凤英等执笔。

　　第 2 章主要介绍第一次青藏高原科学考察在雅鲁藏布大峡谷水汽通道的科学考察（简称第一次雅鲁藏布大峡谷水汽通道科考）试验，并介绍 2018 年的雅鲁藏布大峡谷水汽通道科学考察试验，由陈学龙、徐祥德等执笔。

　　第 3 章主要介绍雅鲁藏布大峡谷地区气象、水文、径流、降水等变化与雅鲁藏布大峡谷水资源减少的关系，由李跃清、崔春光、李茂善、杨浩、徐祥德、张胜军、魏凤英等执笔。

　　第 4 章主要介绍 2018 年雅鲁藏布大峡谷水汽通道的地表能量平衡过程的科学考察成果，由李茂善、陈学龙、吕钊、王灵芝、宋兴宇、阴蜀城、舒磊、伏微等执笔。

　　第 5 章主要分析近几十年雅鲁藏布大峡谷水汽通道的水汽输送变化，以及可能引起水汽输送减弱的原因，由徐祥德、陈斌、李跃清、陈学龙等执笔。

　　第 6 章主要介绍 2018 年雅鲁藏布大峡谷水汽输送及其输送结构的观测结果，由陈学龙、李璐含、刘亚静等执笔。

　　第 7 章主要分析雅鲁藏布大峡谷水汽输送对三江源区陆 – 气系

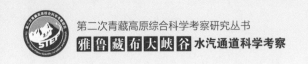

统水热交换的影响,由文军、王磊、王欣、刘蓉、赖欣等执笔。

第 8 章主要分析雅鲁藏布大峡谷水汽输送与云降水的关系及异常降水的可能原因,由王改利、张文刚、陈学龙、王斌等执笔。

第 9 章主要回顾国内外山地地形对局地环流和水汽输送影响的研究进展,并分析雅鲁藏布大峡谷地形对风场和水汽输送及降水的影响,由罗斯琼、陈学龙、马迪等执笔。

第 10 章主要介绍热带季节内振荡和 ENSO 如何影响南印度洋水汽传输到青藏高原,由张文君、肖栋等执笔。

第 11 章针对雅鲁藏布大峡谷地区滑坡、泥石流的频发,结合本次水汽输送的科学考察成果,提出建立该地区的气象灾害预警系统,由陈学龙、徐祥德、魏凤英、杨文涛等执笔。

陈学龙、徐祥德、魏凤英对全书进行了统稿。

第二次青藏高原综合科学考察研究之藏东南关键区雅鲁藏布大峡谷水汽通道科学考察的开展,极大地推动了对全球变化背景下"亚洲水塔"水汽输送变化的研究。本书是中国科学院青藏高原研究所、中国气象科学研究院、成都信息工程大学、南京信息工程大学、中国科学院西北生态环境资源研究院许许多多科研人员长期不畏艰险、辛勤劳动的成果。在整个科考过程中,面对雅鲁藏布大峡谷水汽通道内多雨潮湿、滑坡频发、道路泥泞、交通封锁等各种不利因素,科考队员齐心协力,顺利完成了 2018 年科考仪器布设任务,为后续研究提供了高质量的观测数据。本次科考北方天穹信息技术(西安)有限公司赞助了两台多通道微波辐射计,北京旗云创科科技有限责任公司赞助了一台全天空成像仪,四川西物激光技术有限公司赞助了一台激光测风雷达,同时还受到了墨脱县自然资源局、墨脱县气象局、墨脱县生态环境局等部门的大力支持,在此表示诚挚的感谢。

《雅鲁藏布大峡谷水汽通道科学考察》编写委员会

2020 年 9 月

摘　要

　　青藏高原及其周边山脉孕育了大量的河流,是亚洲十多条重要河流的水源地,蕴藏着我国乃至亚洲地区主要的淡水资源,这些河流为我国及周边国家和地区的占全球将近 1/6 的人口提供了宝贵的水资源,因此青藏高原被誉为"亚洲水塔"(Xu et al.,2008)。近30 年来,气候变暖极大地改变了"亚洲水塔"的水汽供应、区域气候和自然环境,也极大地改变了多圈层的水循环过程,青藏高原的水资源状况发生了剧烈的变化(Lutz et al.,2014),已威胁到下游数亿人口的水供给和食品安全(Immerzeel et al.,2010;Yao et al.,2012)。

　　由于青藏高原"感热泵"(吴国雄和张永生,1998)的作用,青藏高原周围的大气向上空聚集,把来自海洋的水汽源源不断输送到青藏高原上空(Xu et al.,2008),大气中的水汽又以固态和液态形态降落到青藏高原,青藏高原各种形态的大气降水补入,构建了青藏高原的冰川、河流、湖泊、土壤等的水平衡。青藏高原陆地圈层水资源(包含河流、湖泊、冰川、冻土里的水等)总量的变化受到大气圈输送到青藏高原水汽量的重要影响。青藏高原大气通过全球尺度水分循环可维持一个持续的水循环系统,形成了青藏高原陆地圈层丰富多样的水资源分布,而周围向青藏高原输送的水汽对青藏高原大气水含量和降水的作用及变化仍存在着很多值得深思的不确定性问题。因此,加大青藏高原四周向青藏高原输送水汽的研究,对评估青藏高原降水的变化具有重要意义。

　　受全球气候变化影响,青藏高原上空的大气环流也发生了调整。因此,加大青藏高原四周向青藏高原输送水汽的研究,对评估青藏高原水循环系统的变化非常重要。青藏高原南部的喜马拉雅山周围分布了多个南北向的狭长山谷,被认为是水汽从南向北输送的主要水汽通道。藏东南地区分布的多条狭长的山谷被一些科学家认为是青藏高原最理想的"水汽输送通道"（Xu et al.，2014），较为典型的如沿雅鲁藏布大峡谷，但是目前对这些水汽通道内的水汽输送过程还没有做过深入研究，并且观测资料严重缺乏。从青藏高原南部通过南亚季风输送来的水汽是如何穿越雅鲁藏布大峡谷，从而进入青藏高原腹地的也是一个未知的研究领域。了解该区域的气候、天气特征是认识藏东南水汽输送强弱交替所必需的，因此为了提高藏东南气候变化过程及其对由南向北的水汽输送影响的认识，需要系统地开展科学考察与观测研究，2018年第二次青藏高原综合科学考察研究在藏东南科考区组建了雅鲁藏布大峡谷水汽通道科考分队。该科考主要以雅鲁藏布江下游的雅鲁藏布大峡谷为集中考察对象，面向的主要任务是"亚洲水塔"动态变化，主要对应水汽输送机制与"亚洲水塔"变化专题。

第二次雅鲁藏布大峡谷水汽通道科考研究的主要研究结果总结如下：

回顾和总结了第一次青藏高原科学考察在雅鲁藏布大峡谷水汽通道科考的重点研究进展。雅鲁藏布大峡谷地区无论是冰冻圈（海洋性冰川快速消融）、大气圈（最强水汽输送通道）、生态圈（全谱带景观）、水圈（丰富的水电资源），还是人类圈（多民族文化交流通道）都表现出显著的区域特色、极端过程和独特影响。该地区是全球多圈层相互作用最突出的区域之一，雅鲁藏布江流域地形、地质、生态、水文和气象复杂多样。第一次雅鲁藏布大峡谷水汽通道科学考察活动确证了雅鲁藏布大峡谷为重要的水汽通道，但该地区自然灾害频发，经常造成道路阻断，使得该地区一直没有建立连续的气象、气候观测站网。雅鲁藏布江下游的雅鲁藏布大峡谷为本次科考集中考察对象，科考目标是为雅鲁藏布大峡谷水汽输送机制与"亚洲水塔"变化研究提供科学依据，针对该科考目标设计了考察的试验方案，本次科考重点观测雅鲁藏布大峡谷水汽通道内的水汽变化规律，主要采用多通道微波辐射计观测大气的温湿廓线，观测水汽在不同大气层的分布，分析水汽通道对水汽输送的影响，并沿海拔梯度布设大气边界层观测站，在典型下垫面近地层架设气象梯度和地表通量观测系统，为数值模拟水汽通道的水汽输送提供模型参数和变量的参考值，构建区域水汽输送数值模型（详见第2章）。

以往研究指出，由于西南季风的强烈影响，雅鲁藏布江流域气候区域差异明显，其上、下游分别为干冷气候、暖湿气候；在全球变暖下，各类气温呈增温趋势，区域响应较剧烈，冬季最大、秋季最小，而降水主要呈减少趋势，尤其是在秋季、夏季和冬季，这与印度季风的减弱有密切关系。虽然降水减少有利于水灾害控制，但需考虑未来水资源减少的不利影响。由于资料缺乏和时空选取问题，也有分析指出其降水呈增多趋势。雅鲁藏布江流域属于强降水带，降水空间差异显著，表现出从东部到西部逐渐递减的特征，下游至上游雨季开始时间推迟、持续时间减短，雨季降水占全年比重增加，但由于印度季风的持续减弱，雨季和全年降水则逐渐减少。流域降水季节分配不均匀，主要集中在 6~9 月。极端降水指标值、极端降水事件呈明显上升和增多趋势；流域年、湿季径流量具有明显的年代际波动，2010 年不显著增加，并与降水量呈显著正相关，降水变化是雅鲁藏布江径流最主要的影响因子，土地利用和气候变化对其径流的影响具有地区和季节差异性；流域低海拔植被 NDVI 增加更显著，高海拔植被 NDVI 比较稳定或有减少趋势。1970~2009 年流域土壤湿度显著降低，降水是土壤湿度变化的主导因子，其次是蒸发、气温和雪水当量。该地区环境条件艰苦、观测基础薄弱，已有资料数据时间短、频次少、覆盖稀，缺乏全面系统的圈层观测要素，不足以准确揭示其水文、气象和生态变化的基本事实、物理过程和异常机制，也难以建立有效的物理模型和模式，需开展深入的分析研究（详见第 3 章）。

地表能量平衡观测数据可用于分析山谷内不同海拔的近地层加热驱动山谷环流的变化，也可用于研究不同海拔加热差异造成的山谷环流对通道内水汽运移的影响。本次科考在雅鲁藏布大峡谷水汽通道入口处、中段、末端分别建立了四个观测站点，主要对辐射、湍流通量和近地层气象要素进行观测，获得的主要结论如下：各站点感热、潜热季节转换时间不同；雅鲁藏布大峡谷各地区地表辐射收支以向下短波辐射和向上长波辐射为主，各辐射分量都具有十分显著的日变化和季节性变化特征。雅鲁藏布大峡谷末端排龙站 5 月和 7 月净辐射峰值明显大于中段的丹卡站，可能原因是丹卡站位于雅鲁藏布大峡谷南面，阴天多，造成向下的总辐射和向上的长波辐射较小。雅鲁藏布大峡谷内地表反照率日变化均呈"U"形，与卡布站、排龙站、丹卡站相比，墨脱站地表反照率季节变化较大。排龙站的地表反照率略大于其他三个站，墨脱站地表反照率最小。雅鲁藏布大峡谷四个地区能量不闭合现象非常明显，闭合率为 55%~76%，夜间闭合率较白天低，夏季闭合率较高（详见第 4 章）。

本书分析了青藏高原水汽"源–汇"的结构、雅鲁藏布大峡谷水汽输送及其变化趋势，剖析了雅鲁藏布大峡谷水汽输送减弱的原因。本书认为：①青藏高原上星罗棋布的冰川、积雪和湖泊储存着大量"水资源"，某种程度上可起到"水塔储存池"效应。青藏高原上河流水网作为连接青藏高原水塔功能的"输水管道"，通过青藏高原上层大气水分输送的渠道，影响全球水循环；青藏高原南坡水汽输送关键通道恰位于青藏高原藏东南部，即雅鲁藏布大峡谷墨脱处。②输送到青藏高原水汽的"蒸发性"源区主要来自三个区域，即阿拉伯海向南至低纬热带印度洋（甚至穿越赤道地区）的一个狭窄区域、青藏高原西北部和孟加拉湾。第一个水汽源区贡献最大，其余两个水汽源区贡献相对较小。③青藏高原上整层大气"源–汇"主要受强大的亚洲反气旋控制，在反气旋的控制下，其进入青藏高原上空后分别向低纬印度洋和西北太平洋输送，一部分大气可以进入热带平流层，表明青藏高原对全球平流层大气成分分布有影响。④夏季雅鲁藏布江流域是水汽辐合区,降水大于蒸发;秋末到次年春季,流域整体是水汽辐散区,蒸发大于降水。⑤雅鲁藏布江流域是青藏高原水汽输送最主要的通道之一,夏季最强,秋季减弱,冬春则消失。海拔相对较低的雅鲁藏布江流域在夏季是水汽含量的高值区,在雅鲁藏布江大拐弯附近形成青藏高原雨季的降水中心。⑥水汽输送和卫星观测的地表水的变化表明,南亚季风的减弱造成南部水汽向雅鲁藏布大峡谷地区经向水汽输送的减弱,从而导致该地区降水减少(详见第5章)。

青藏高原南部是青藏高原及其周边经向和纬向水汽输送通量最大的地区。受到青藏高原地形的影响,经、纬向的水汽输送流场明显受到青藏高原地形的阻挡作用,尤其是青藏高原南部水汽的纬向流场与喜马拉雅山地形走向非常一致,青藏高原南部经向的水汽输送显著受到青藏高原南部山地的阻挡作用,在青藏高原的西南边缘水汽沿喜马拉雅山有明显扰流,较难穿越青藏高原南部的山地,但在藏东南经向水汽输送要比其他区域大。经向水汽输送对于青藏高原的影响是通过藏东南的水汽通道逐渐向高原腹地扩大的,经向的水汽输送对于藏东南有明显影响,雅鲁藏布大峡谷的地形造成了由南而来的水汽容易从雅鲁藏布大峡谷进入青藏高原腹地。到了8~9月部分经向的水汽输送可以穿越喜马拉雅山,但无法深入青藏高原内部(详见5.5节)。

藏东南地区由西风引起的纬向水汽输送变化不大,没有明显的变化趋势,而经向的水汽输送自1987年以来显著下降,与水汽通道观测到的降水减少和卫星观测的地表可利用水资源减少(包含冰川的退缩)是一致的。水汽通道水汽和降水减少的主要原因是南亚季风减弱造成了青藏高原南部水汽向雅鲁藏布大峡谷地区经向水汽输送减弱,即大尺度环流造成的对流降水减少,进而引发了该地区地表水和地下水的减少。该地区显著受到大尺度外来气候变化的影响。通过对2018年雅鲁藏布大峡谷水汽通道科学考察认识到,这个地区对于全球变化的响应比较敏感,是"亚洲水塔"需要着重保护的区域(详见5.6节、5.8节)。

利用无线电探空观测对微波辐射计的评估认为,微波辐射计反演的温、湿度在该地区具有较高的可靠性,可以用于研究水汽的变化。通过在水汽通道入口处、中段和末端布设垂直大气温、湿度观测设备,可以发现,峡谷地形对垂直大气的温、湿结构有显著影响,青藏高原白天、夜晚加热的差异性更明显。入口处和中段的大气柱总含水量(TCWV)高,而末端的TCWV比入口处明显偏低,地形对南风输送到林芝地区的水汽有明显的影响,末端的平均TCWV为入口处TCWV的一半,而处在中段的卡布站并没有受到地形阻挡的影响。相反,在干季卡布站的TCWV却要高于墨脱站,可能是由于局地对流引起水汽在卡布站聚集。入口处、中段两个站的TCWV增加和减少变化信号基本一致,反映出水汽从南向北经过雅鲁藏布大峡谷影响两个站TCWV的变化。入口处的TCWV变化幅度要大于中段和末端。入口处和中段的大部分降水都同时发生，个别时间中段卡布站的降水量要比入口处的墨脱站的降水量大，其可能受到地形的阻挡作用。TCWV 的日变化随着海拔的增加而减小（详见第 6 章）。

第 7 章首先回顾三江源区地−气系统水分循环过程对"亚洲水塔"的重要性，从水分循环的角度，分析三江源区地−气系统水分循环过程对于黄河、长江等河流的影响，以及雅鲁藏布大峡谷水汽输送至三江源区的时空变化特征。然后，重点分析雅鲁藏布大峡谷对三江源区陆−气间水热交换关键参量的影响，包括三江源区陆−气间水热交换参量对区域水分循环的重要性和雅鲁藏布大峡谷水汽输送对三江源区陆−气间水热交换关键参量的影响。对于三江源区，水汽输送路径主要有三支：一支在孟加拉湾由西转向北流向青藏高原地区，经雅鲁藏布大峡谷由澜沧江源区和长江源区南部进入三江源区；一支经里海、帕米尔高原进入青藏高原，由长江源区的西边界进入三江源区；一支来自更北边，流经新疆后，接近三江源区北边界，这三支水汽输送通道中，雅鲁藏布大峡谷水汽输送对三江源区地−气相互作用中降水、径流、土壤湿度、蒸散发等关键性变量起到重要作用（详见第 7 章）。

利用多通道微波辐射计观测山谷大气垂直水热过程，结果显示，有降水和无降水的垂直大气水热结构有显著差异。墨脱地区降水时表现为对流层水汽密度存在随高度先减后增的变化趋势，与平原地区相比，墨脱水汽密度随高度递增的趋势明显，且发生的高度偏低，平原地区液态水含量的变化大值区处于 3~4 km，与墨脱站的结果具有非常明显的差异，且平原地区的液体含水量较墨脱站的探测结果明显偏小。大气垂直结构降水前地面以上 3~6 km 大气层为湿层，3 km 以下及 6 km 以上为干层，降水时地面以上 3~6 km 为干层，3 km 以下及 6 km 以上为湿层，其中在 6 km 左右增长最明显，在 1.8 km 出现极大值，降水时水汽在 0.5 km 左右聚积，随后抬升至 1.8 km 左右成云降雨（详见第 8 章）。

雅鲁藏布江河谷区是青藏高原对流云最为活跃的区域。川藏铁路区域中雅安至林芝段为川西高原和藏东南高原的关键工程区，也是青藏高原对流活动集中地。西藏强降水频数极值区位于雅鲁藏布江河谷及雅鲁藏布大峡谷区域，印证了该区域是水汽输送及异常降水的关键区。极端降水量和降水强度的高值区均位于西藏南部边缘地区的聂拉木、沿江中段的日喀则以及东南部的波密和察隅一带，沿雅鲁藏布江一线、西藏南部和东北部极端降水事件出现频数呈增多趋势。墨脱站春季层状云降水的零度层高度比较低，距地面高 1.5 km 左右（墨脱站海拔 1279 m），而平原地区夏季层状云降水的零度层在地面上 5.0 km 左右（详见第 8 章）。

地形对水汽输送的影响主要有动力和热力两个方面。地形高度、坡度、尺度等决定动力效应。热力效应由不同高度的地表接收太阳辐射和气流抬升所释放的潜热引起。雅鲁藏布大峡谷地形的动力及热力效应深刻影响着峡谷及周边地区水汽输送及降水。动力效应与谷地的宽度、深度、温度层结、盛行气流等因素有关，起到通道作用和阻隔作用。由于热力作用影响，峡谷地区白天为谷风和河风，有利于谷坡上部形成降水，夜间为山风和陆风，有利于谷底下部形成降水。通过对该地区 6 个站风向的观测发现，该地区的主导风向均与各自所处的山谷走向一致，反映出峡谷地形对局地环流和水汽输送的重要影响。雅鲁藏布大峡谷地区的地形造成该地区是青藏高原最主要的水汽通道。位于峡谷的入口和中段的两个观测站显示出 TCWV 和降水的峰值时间几乎出现在同一时刻，分析认为，峡谷内水汽的增加能快速被地形抬升形成降水，从而使水汽的增加与降水事件发生时间很接近。目前，水汽是如何穿越雅鲁藏布大峡谷而进入青藏高原腹地的还需要进一步的深入研究。在全球变暖背景下，大尺度环流随之调整，西南季风在该区域导流和阻隔下的表现特征仍待进一步研究（详见第 9 章）。

第 10 章总结热带海气过程影响青藏高原水汽输送及降水的研究进展，并从气候系统中最显著的年际变化——厄尔尼诺 – 南方涛动（ENSO）出发，分别给出了 ENSO 通过印度洋与大西洋路径影响青藏高原环流及降水的机制。从印度洋路径来看，ENSO 可以通过沃克环流调制印度洋 – 西太平洋电容器（IPOC）模态，IPOC 模态则进一步通过西北太平洋副热带高压（NWPAC）与南亚季风影响青藏高原东南部降水：5 月时，季风的推迟与异常下沉气流引起的水汽辐散使青藏高原东南部降水减少，而到了 6～8 月，伴随着 NWPAC 的季节性北跳与南亚季风的北上，青藏高原东南部降水增多。与青藏高原东南部不同，青藏高原西南部则主要受印度次大陆低压对流系统的影响，其通过向上并穿越（up-and-over）机制使得青藏高原西南部夏季降水增多；从大西洋路径来看，ENSO 可以通过沃克环流及波导作用调制北大西洋涛动（NAO）模态，夏季 NAO 模态则继续向下游激发环绕全球的遥相关波列（CGT）影响青藏高原东部环流，当 NAO 为负位相时，青藏高原东部呈现东南降水多、东北降水少的反向分布。因此，热带海气过程作为一个源头，驱动上述两类机制共同作用，在夏季协同影响青藏高原环流及降水。藏东南地区是南亚季风和东亚季风的交汇区，对青藏高原及其下游的天气气候具有重要影响。结果显示，季节内振荡对印度季风区水汽向北输送到藏东南地区具有非常重要的作用，对研究印度次大陆向藏东南地区的水汽输送具有重要的意义（详见第 10 章）。

为了应对雅鲁藏布大峡谷地区发生的强对流天气引起的滑坡、泥石流等灾害对当地生产、生活的影响，结合本次科考研究成果，建议今后应通过先进的互联网自动采集雅鲁藏布大峡谷内的各种气象观测数据，进行实时气象数据更新发布，利用雅鲁藏布江水汽通道的观测网络，重点关注由南部输送来的水汽引起的藏东南地区灾害性天气过程。通过灾害风险评估方法，对泥石流可能爆发的时间、地点及影响范围等进行全面分析，建立灾害发生等级、类型与水汽通道的水汽输送天气过程的关系，利用气象监测和数值模拟系统，预报该地区灾害发生的范围和时间，利用该监测预警系统，建立包括科学家、各级政府官员和相关职能部门参与的联动系统，共同发布该地区的气象灾害预警信息（详见第 11 章）。

　　本次科考在第一次科考的基础上沿雅鲁藏布大峡谷下游地区布设了各类综合观测设备，已积累了宝贵的观测资料，今后将利用这些资料对雅鲁藏布大峡谷内水汽输送的物理过程进行深入分析，为"亚洲水塔"水源的变化提供重要的研究支撑。

参考文献

吴国雄，张永生 . 1998. 青藏高原的热力和机械强迫作用以及亚洲季风的爆发 . 大气科学，22: 825-838.

Immerzeel W W, van Beek L P H, Bierkens M F P. 2010. Climate change will affect the Asian water towers. Science, 328: 1382-1385.

Lutz A F, Immerzeel W W, Shrestha A B, et al. 2014. Consistent increase in High Asia's runoff due to increasing glacier melt and precipitation. Nature Climate Change, 4: 587-592.

Xu X, Lu C, Shi X, et al. 2008. World water tower: an atmospheric perspective. Geophysical Research Letters, 35: L20815.

Xu X, Zhao T, Lu C, et al. 2014. An important mechanism sustaining the atmospheric "water tower" over the Tibetan Plateau. Atmospheric Chemistry and Physics, 14: 11287-11295.

Yao T, Thompson L, Yang W, et al. 2012. Different glacier status with atmospheric circulations in Tibetan Plateau and surroundings. Nature Climate Change, 2: 663.

目 录

第 1 章

引 言

雅鲁藏布大峡谷作为青藏高原水汽来源的重要通道,一直缺乏系统的研究。本章首先介绍国内外对雅鲁藏布大峡谷水汽通道的研究历史、研究手段及研究进展,将其作为 2018 年对雅鲁藏布大峡谷水汽通道科考研究的借鉴。

1.1 雅鲁藏布大峡谷

雅鲁藏布江自西向东横贯藏东南地区,是青藏高原最大的河流系统,也是我国重要的国际河流。雅鲁藏布江是西藏的主要淡水来源,也是我国水资源的战略储备区。第一次青藏高原综合科学考察已确立了雅鲁藏布大峡谷为世界第一大峡谷(杨逸畴等,1995)。雅鲁藏布江流域集中了西藏 50% 的人口,其水资源变化对于西藏的社会经济发展具有举足轻重的作用。

近年来,雅鲁藏布江流域冰川退缩势必影响到其生态景观格局。但由于观测基础薄弱,目前对气候变化背景下雅鲁藏布江的水汽输送机制仍然缺少认识。雅鲁藏布江流域西起西藏西南部喜马拉雅山北麓的杰马央宗冰川,东抵横断山区中北部。该地区是以高山峡谷为主体的自然地理区域,而高山峡谷的地形主要受区域地质构造的影响。雅鲁藏布大峡谷的地形独特,不仅是青藏高原的重要水汽通道,也是东亚地区水汽分布与输送的关键区。来自印度洋的暖流与北方的寒流在念青唐古拉山脉东段交汇,形成了雅鲁藏布江乃至藏东南地区的热带、亚热带、温带及寒带气候并存的多种气候带。暖流常年鱼贯而入,形成了该地区特殊的热带湿润和半湿润气候。该地区实验条件艰苦、观测难度大,缺乏全面系统的大气圈层要素的监测数据;观测数据时间短、频次少、空间覆盖率低,具有时间和空间的双重局限性,不足以揭示水汽输送过程的演变规律与机理。由于数据缺乏,物理模型等相关方法难以得到应用并进行准确验证,这在一定程度上阻碍了模型的集成和发展,急需加强观测并利用多种观测资料揭示该地区空中水资源的演变规律和驱动机制。

1.2 雅鲁藏布大峡谷水汽通道科考回顾

1981 年中国科学院南迦巴瓦地区登山和综合科学考察(中国科学院科研重点项目),对南迦巴瓦地区天气气候规律进行了研究;1982 年中国科学院南迦巴瓦地区登山和综合科学考察沿雅鲁藏布江及其支流的河谷选点建立气象站,进行高空和地面气象观测,计算沿江的水汽输送通量,研究了雅鲁藏布江下游南北向水汽通道的作用,论证了水汽通道及其对自然资源和人类活动的影响;1983 年,中国科学院科学考察队证实雅鲁藏布大峡谷是青藏高原最大的水汽通道(高登义,2012);1998 年 10 ~ 12 月,由高登义等组成的中国雅鲁藏布大峡谷科学考察队调查了大峡谷地区的水汽源,为该地区合理开发和利用水资源增添了科学依据,发现并确认了四组大瀑布群。

本书对雅鲁藏布大峡谷地区进行的科学考察和科学探险取得的主要成果进行归纳

总结（图 1.1），1981～1984 年取得的主要成果是证实了雅鲁藏布大峡谷是青藏高原最大的水汽通道，论证了水汽通道对于自然资源和人类活动的影响，此为第一阶段考察活动。1991～1998 年，主要是对雅鲁藏布大峡谷水运通道可行性的论证、雅鲁藏布大峡谷正式命名、首次徒步穿越雅鲁藏布大峡谷核心地区，取得的主要成果是论证了水汽通道对藏民族文化发展的影响，提出了雅鲁藏布大峡谷可持续发展规划的建议，建立了雅鲁藏布大峡谷国家级自然保护区，此为第二阶段考察活动。第二次青藏高原综合科学考察研究队于 2018 年组织了"雅鲁藏布大峡谷水汽通道"科学考察活动，"雅鲁藏布大峡谷水汽通道"科考分队在藏东南地区鲁朗—排龙—波密—墨脱沿线进行了为期两年多的连续考察观测活动，结合第二次青藏高原综合科学考察研究队提出的研究目标——青藏高原水资源失衡，该科考分队的主要研究内容是水汽通道水汽输送的变化。

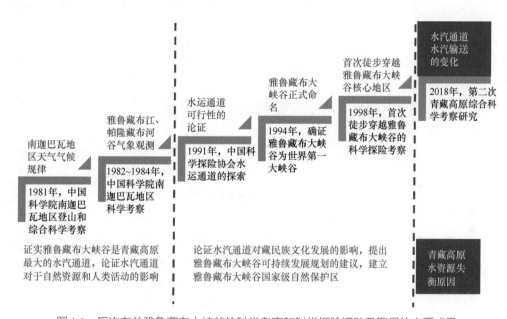

图 1.1　历次有关雅鲁藏布大峡谷的科学考察和科学探险活动及取得的主要成果

1.3　雅鲁藏布大峡谷水资源减少

从重力反演与气候实验（gravity recovery and climate experiment，GRACE）卫星观测到青藏高原藏东南地区的地表和地下水（包含冰川和积雪）资源近 15 年来在减少（图 1.2），部分原因是冰川的快速融化和消失，另外与这个地区的降水减少也有关。藏东南地区的水汽输送是否能够解释该地区的降水变化是当前急需回答的问题，分析这个地区降水和水汽输送对于未来的雅鲁藏布江流域的水资源开发具有重要的意义。如果印度季风继续保持减弱，该地区的降水和潜在的水储存会进一步减少，如何制定有效的气候变化适应对策以适应这种不利的水资源变化显得非常重要。

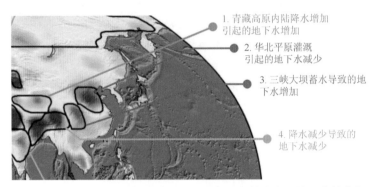

1. 青藏高原内陆降水增加
引起的地下水增加

2. 华北平原灌溉
引起的地下水减少

3. 三峡大坝蓄水导致的地
下水增加

4. 降水减少导致的
地下水减少

图 1.2　GRACE 卫星观测到的 2002 ~ 2016 年地表水和地下水的变化

资料来源：图片改编自 Rodell 等（2018）

另外，GRACE 卫星也能准确观测到青藏高原内陆近年来 (2002 ~ 2016 年) 降水增加引起地下水增加，我国华北平原农田灌溉大量抽取了地下水而导致该地区地下水减少，三峡大坝的蓄水功能也引起了 GRACE 卫星观测到我国四川地区有明显的地下水增加。今后应结合 GRACE 卫星数据的特点，重点分析青藏高原水资源变化的原因。

1.4　向青藏高原内陆水汽输送的不同机制

综合以往的研究结果（如 Dong et al.，2016，2017）可以看出，青藏高原南部的水汽如何进入青藏高原存在不同机制的解释（图 1.3），一种解释认为青藏高原地形的"二台阶机制"（conditional instability of the second kind，CISK）把南部的水汽输送到青藏高原，而另一种解释认为印度次大陆的深厚对流把水汽输送到对流层上层，再由南边的气流将水汽输送到青藏高原上空。Dong 等（2016）研究认为，青藏高原西南部的夏季降水和印度次大陆中东部的降水有很紧密的联系，尽管这两个地区被喜马拉雅山所

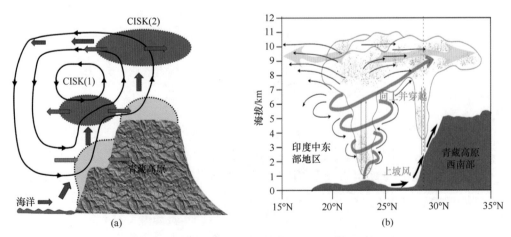

图 1.3　水汽传输到青藏高原两种不同机制的解释

资料来源：图 (a) 引自 Xu 等（2014）；图 (b) 引自 Dong 等（2016）

阻挡，但作者认为这两个地区的降水有紧密联系是向上并穿越（up-and-over）水汽传输引起的，即印度次大陆的深厚对流引起向上的水汽输送，再由对流层上部向青藏高原的平流层输送穿越喜马拉雅山而抵达青藏高原的西南部，这种水汽输送要比沿喜马拉雅山爬坡的水汽输送强，研究发现，这种"up-and-over"造成的水汽输送贡献了青藏高原西南部降水的将近一半。

Dong 等（2016）研究表明，当印度次大陆上空的中对流层过程影响青藏高原西南部时环流呈现的是侵入（intrusive）类型的对流风暴，而当印度次大陆中对流层过程的影响只是局限在喜马拉雅山的南部时，环流则呈现的是非侵入（non-intrusive）类型的对流风暴（图 1.4）。

本书用这两个标准将每次的对流系统划分为侵入型和非侵入型，在此基础上对比分析了两种情况下的大气流场和降水，结果见图 1.5。

从南部向青藏高原输送水汽，不同输送机制的解释说明当前水汽输送的物理过程还需要加强，另外对于青藏高原热力和动力驱动的季风向青藏高原的传播也有不同看法，这些讨论可参考 Boos 和 Kuang（2010）与 Wu 等（2012）的文章。

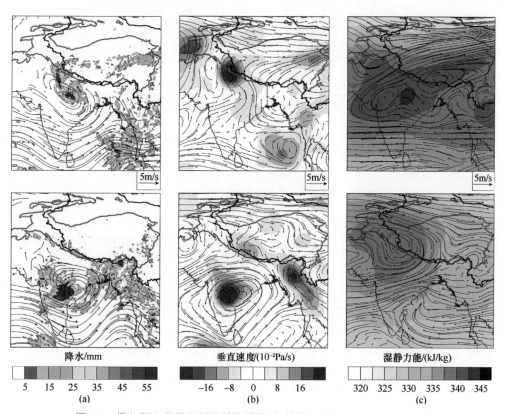

图 1.4　侵入型和非侵入型的数值模拟敏感性对比 (Dong et al.，2016)

图中红色线代表海拔为 2500 m 的等值线；(a) ～ (c) 均为上图代表侵入型、下图代表非侵入型

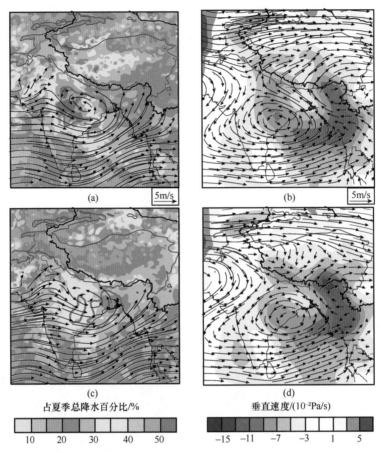

(a)　　　　　5m/s　　　　(b)　　　　　5m/s

(c)　　　　　　　　　　　(d)

占夏季总降水百分比/%　　　　垂直速度/(10⁻²Pa/s)

10　20　30　40　50　　　−15　−11　−7　−3　1　5

图 1.5　侵入型〔(a) 和 (b)〕和非侵入型〔(c) 和 (d)〕大气流场和降水对比图 (Dong et al.，2016)
(a) 降水百分比和 850hPa 风场；(b) 垂直速度和 500hPa 风场；(c) 和 (d) 与 (a) 和 (b) 类似，但是该结果是基于水汽没有到达青藏高原的统计结果；(a) 和 (b) 为侵入型，(c) 和 (d) 为非侵入型；图中红色线代表海拔为 2500 m 的等值线；蓝色线代表大于 10 个风暴中心的区域

1.5　水汽通道的科学考察研究对于"亚洲水塔"的重要性

雅鲁藏布大峡谷地区冰冻圈（海洋性冰川的快速消融）、大气圈（最强水汽输送通道）、生态圈（全谱带景观）、水圈（丰富的水电资源）、人类圈（多民族文化交流通道）等都有一些极端过程的表现。另外，在青藏高原东南部河湾区还分布了大小接近的 4 个南北向大通道，但这 4 个大通道还具有不同干湿特征，如有的山谷表现为"暖湿"特征，有的则表现为"暖干"特征，未来还需要对这几个大通道做对比分析。

与干旱地区相比，墨脱地区是青藏高原最湿润的地区，处于青藏高原最大的水汽通道内，冰川、河流分布较广泛，区域内水资源丰富，甚至关系到青藏高原作为"亚洲水塔"的发展走向。目前，西藏自治区政府已筹划建设国家公园，因此需要加大对该地区全景观的保护力度，东南湿热水汽的向北输送对植被垂直带和生物多样性有重要影响，对该地区的科学考察能为该区域的生态保护提供重要的参考。综上所述，水汽通道新的科学考察对于保护"亚洲水塔"具有重要意义。

在青藏高原的东南部分布了多个南北向的狭长山谷，它们被认为是水汽从南向北输送的主要通道。由于受到青藏高原南部喜马拉雅山等高海拔山脉的阻挡，低层水汽难以直接从南部翻越喜马拉雅山进入青藏高原腹地（Boos and Kuang，2010），而藏东南地区分布的多条狭长的山谷被一些科学家认为是青藏高原最理想的"水汽输送通道"（Xu et al.，2014）（图 1.6），较为典型的如雅鲁藏布大峡谷，但是目前对这些水汽通道内的水汽输送过程还没有做过深入研究，并且观测资料严重缺乏。因此，本次科考重点关注亚洲夏季风如何通过雅鲁藏布大峡谷水汽通道将热带海洋的水汽输送到青藏高原，理解水汽通道内的水汽来源和水汽向青藏高原传输的物理过程，定量估计水汽通道内的水汽量并追踪水汽来源。

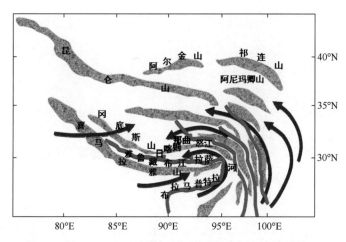

图 1.6　青藏高原东南部的主要水汽输送通道（蓝色实线）

图 1.7 给出了全球几个重要的水汽输送路径，从全球角度来看，从印度洋到孟加拉湾进入青藏高原东部的水汽输送带非常显著，这种强的向青藏高原的水汽输送又被青藏高原周围的环流转运到我国东部，进而对我国东部的天气产生影响。从图 1.8 青藏高原气团的踪迹可以看出，青藏高原那曲地区上空的气团基本移动到长江中下游地区。华北地区的降水除了受到东亚季风带来的水汽影响外，还有两个水汽输送带：一个是沿青藏高原北部的西风带，另一个是由南亚季风带来的孟加拉湾、南中国海和西太平洋的水汽进入雅鲁藏布江东段（河湾区）并沿青藏高原东部边界输送到我国华北（Zhao et al.，2019a）。因此，青藏高原上空的水汽向下游的扩散对于我国东部的降水具有重要意义。

Zhao 等（2019a）研究指出，从印度洋到孟加拉湾、藏东南地区有很高的大气水汽输送带发生频率，夏季表现得更明显，水汽传输集中到一个条带中，传输距离更长，

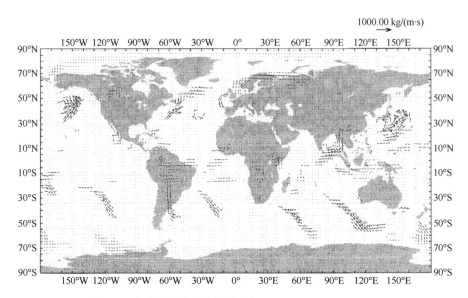

图 1.7　全球重要的水汽输送路径 (Zhu and Newell，1998)

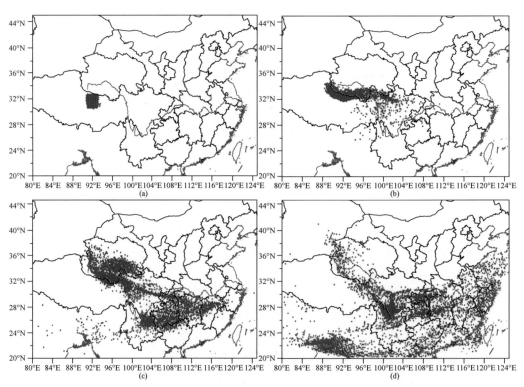

图 1.8　使用 FLEXPART 模型模拟的青藏高原那曲地区的气团向中国东部长江中下游传播的动态过程（Zhao et al.，2019b）

图中蓝色点代表气团

而到了冬季大气水汽输送带发生的频率很低，由印度洋到藏东南地区的南北向的水汽输送带基本消失。

图 1.9 显示了一条来自印度半岛西部 70～75°E 附近的南北向的水汽输送带，该水汽输送带将水汽堆积在西喜马拉雅山的南部，同时在西喜马拉雅山的西边还有一个气旋环流，该气旋环流引起的向北气流能够帮助印度次大陆的水汽穿越喜马拉雅山进入青藏高原。图 1.10 显示了印度洋的水汽向印度内陆的强烈输送，该水汽输送主要受印度南部的反气旋环流控制，与引起图 1.9 中的南北向水汽输送的环流截然不同。印度西北部的反气旋环流可能是引起南北水汽输送的重要原因，并且在水汽带穿越喜马拉雅山时印度次大陆南部并不存在强的反气旋系统。

2014 年 8 月一次天气过程的气团前向跟踪轨迹（图 1.8）显示了青藏高原中部地区的气团向青藏高原东部的长江流域移动的动态过程，这次过程的起始时间为 2014 年 8 月 15 日 0 时到 8 月 16 日 0 时，气团从那曲地区到青藏高原东部形成一条长带子，到 8 月 17 日 0 时，该气团向东移动到长江流域的中部地区，形成从那曲到长江中部更长的条带，截至 8 月 18 日 0 时，该气团到达长江流域的下游地区。这种气团自青藏高原向我国长江流域的移动说明青藏高原对我国东部的天气有重要影响，并且青藏高原对我国东部天气的影响传播时间大概是 3 天。这种气团的移动也把青藏高原的水汽传输到长江流域，青藏高原起到了一个转运站的作用，因此考察水汽如何通过水汽通道到达青藏高原东部，对研究我国东部的天气气候也具有重要意义。

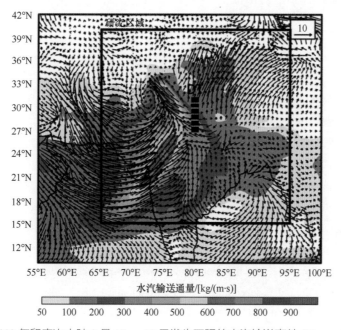

图 1.9　2003 年印度次大陆 2 月 17～19 日发生了强的水汽输送事件 (Thapa et al.，2018)

图中显示 2003 年 2 月 18 日 12:00 UTC 的垂直水汽输送通量和 700 hPa 水平风场

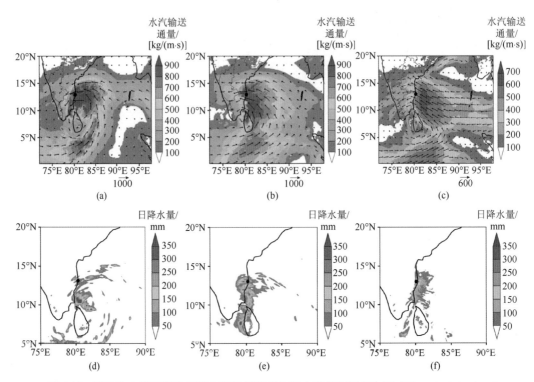

图 1.10 印度次大陆南部地区的水汽输送通量与降水量的空间分布图(Dhana Lakshmi and Satyanarayana,2019)

(a) 和 (d) 为 2015 年 11 月 8 日；(b) 和 (e) 为 2015 年 11 月 15 日；(c) 和 (f) 为 2015 年 12 月 1 日

参考文献

高登义. 2012. 穿越雅鲁藏布大峡谷. 北京: 北京大学出版社.

杨逸畴, 高登义, 李渤生. 1995. 世界最大峡谷的地理发现和研究进展——雅鲁藏布江大峡谷的考察和探险成果. 地球科学进展, 10(3): 299-303.

Boos W R, Kuang Z. 2010. Dominant control of the South Asian monsoon by orographic insulation versus plateau heating. Nature, 463(7278): 218-222.

Dhana Lakshmi D, Satyanarayana A N V. 2019. Influence of atmospheric rivers in the occurrence of devastating flood associated with extreme precipitation events over Chennai using different reanalysis data sets. Atmospheric Research, 215: 12-36.

Dong W, Lin Y, Wright J S, et al. 2016. Summer rainfall over the southwestern Tibetan Plateau controlled by deep convection over the Indian subcontinent. Nature Communications, 7: 10925.

Dong W, Lin Y, Wright J S, et al. 2017. Indian monsoon low-pressure systems feed up-and-over moisture transport to the Southwestern Tibetan Plateau. Journal of Geophysical Research: Atmospheres, 122(22): 12, 140-112, 151.

Rodell M, Famiglietti J S, Wiese D N, et al. 2018. Emerging trends in global freshwater availability. Nature, 557(7707): 651-659.

Thapa K, Endreny T A, Ferguson C R. 2018. Atmospheric rivers carry non-monsoon extreme precipitation into Nepal. Journal of Geophysical Research: Atmospheres, 123(11): 5901-5912.

Wu G, Liu Y, He B, et al. 2012. Thermal controls on the Asian summer monsoon. Scientific Reports, 2: 404.

Xu X, Zhao T, Lu C, et al. 2014. An important mechanism sustaining the atmospheric "water tower" over the Tibetan Plateau. Atmospheric Chemistry and Physics, 14(20): 11287-11295.

Zhao Y, Xu X, Liu L, et al. 2019b. Effects of convection over the Tibetan Plateau on rainstorms downstream of the Yangtze River Basin. Atmospheric Research, 131(4): 697-712.

Zhao Y, Xu X, Zhao T, et al. 2019a. Effects of the Tibetan Plateau and its second staircase terrain on rainstorms over North China: from the perspective of water vapour transport. International Journal of Climatology, 39: 3121-3133.

Zhu Y, Newell R E. 1998. A proposed algorithm for moisture fluxes from atmospheric rivers. Monthly Weather Review, 126(3): 725-735.

第 2 章

雅鲁藏布大峡谷水汽通道考察

从 1981 年中国科学院南迦巴瓦地区登山和综合科学考察开始，一批科学家先后在南迦巴瓦峰、雅鲁藏布江河谷中建立了气象站，进行高空和地面气象观测，取得了对雅鲁藏布大峡谷水汽通道水汽输送的重要认识。雅鲁藏布江径流补给源于大气降水，降水水汽主要来自印度洋孟加拉湾暖湿气流，其沿布拉马普特拉河—雅鲁藏布江通道方向输送强度达到 500～1000 g/(cm·s)，输送量比青藏高原四周其他途径向青藏高原的水汽输送量大 1～10 倍（刘天仇，1999），这与夏季自长江流域以南向长江流域以北输送的水汽量相当。基于该地区水汽输送的重要性，本章重点回顾该地区在水汽输送方面的研究进展。

2.1 水汽通道的山谷特征

青藏高原的东南部分布了多个南北向的山谷地形，而且这些山谷两旁的山上也多分布着海洋性冰川。雅鲁藏布江河谷地形引起的上坡风造成两边的山峰上经常聚集着对流云团，这些对流云团对山谷两旁山峰上的冰冻圈具有重要的降水补给作用。因此，对河谷区水汽通道关键区水汽输送结构及其变化进行研究，对研究雅鲁藏布江冰冻圈具有重要意义。

2.2 第一次雅鲁藏布大峡谷水汽通道科考水汽输送研究进展

1983 年，中国科学院科学考察队沿帕隆藏布河谷溯江而上，在通麦、古乡、然乌、易贡建立了 4 处水汽输送观测站，共施放了探空气球 100 多次，得到 4 个站点的水汽输送强度，通麦为 500 g/(cm·s)，古乡约为 400 g/(cm·s)，然乌最小，为 300 g/(cm·s)，易贡为 750 g/(cm·s)，易贡处于南北向雅鲁藏布大峡谷的北端，而通麦、古乡、然乌又处于东西向的帕隆藏布大峡谷中，其水汽很难沿帕隆藏布大峡谷向上游（向东）传播，故而通麦—古乡—然乌水汽输送强度逐渐减少。通过比较几个大峡谷的水汽输送强度，高登义（2012）认为雅鲁藏布大峡谷是青藏高原最大的水汽通道。

第一次雅鲁藏布大峡谷水汽通道科考（图 2.1）的主要成果如下（杨逸畴等，1987）：

（1）雅鲁藏布江下游河谷是青藏高原四周向高原输送水汽的最大通道。这是由几个站的无线电探空数据得到的结果，见图 2.1(a)。

（2）南亚水汽向青藏高原传输的路径是先沿布拉马普特拉河向东北方向输送，后沿雅鲁藏布江下游向北输送，再自雅鲁藏布大峡谷处折向西北方向输送（图 2.2）。

（3）水汽通道使沿雅鲁藏布江河谷的最大降水带一直向北伸展到念青唐古拉山南麓的嘉黎一带，同时使这里的雨季与青藏高原南侧的雨季同时开始（高登义等，1985），水汽通道对该地区的降水的影响如图 2.1(b) 所示。

（4）水汽通道对调和喜马拉雅山南北自然地理垂直带和自然景观的特征，以及冰川发育类型和规模等方面有明显的影响。水汽通道使得该地区喜马拉雅山南北部的降

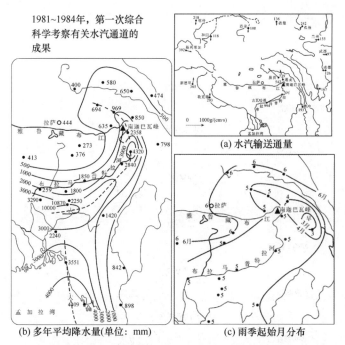

图 2.1 青藏高原周边各探空观测站获得的水汽输送通量（a），雅鲁藏布江及其南部多年平均降水量（b），雅鲁藏布大峡谷及其南部雨季的起始月分布（c）(高登义，2012)

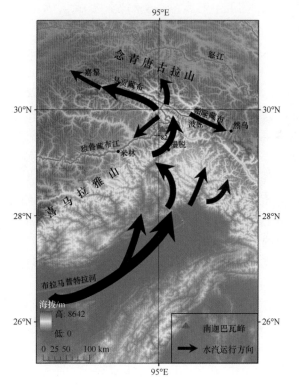

图 2.2 南亚水汽向青藏高原传输的主要路径（杨逸畴等，1987）

水起始月出现在同一月份，具体结果见图 2.1(c)。

图 2.1(a) 中给出第一次雅鲁藏布大峡谷水汽通道科考得到的青藏高原周边向高原的水汽输送通量的具体数值，根据这些结果断定了"水汽通道"的作用，图 2.1(b) 和图 2.1(c) 是水汽通道对雅鲁藏布大峡谷降水的影响和对青藏高原东南部雨季起始月的影响。

虽然第一次雅鲁藏布大峡谷水汽通道科考确证了雅鲁藏布大峡谷为重要的水汽通道，但该地区自然灾害频发，经常造成道路阻断，使得该地区一直没有建立连续的气象、气候观测站网。希望这次科学考察能够为该区域的长期气候观测提供重要的参考信息。

2.3 2018 年雅鲁藏布大峡谷水汽通道科学考察试验

2018 年雅鲁藏布大峡谷水汽通道科学考察主要以藏东南地区为研究区域，以雅鲁藏布江下游的雅鲁藏布大峡谷为集中考察对象，科考目标是为该区域水汽输送机制与"亚洲水塔"变化研究提供科学依据。本次科考的主要任务是研究雅鲁藏布江下游云降水过程，一方面对已有的"亚洲水塔"理论研究有更深入的认知，另一方面对雅鲁藏布江河谷区水汽输送影响机理研究以及预估未来水资源的变化具有重要意义。

2018 年 10 月 8 ~ 14 日由中国气象科学研究院徐祥德院士（科考分队长）带领"雅鲁藏布大峡谷水汽通道"科考分队研究骨干对藏东南地区的雅鲁藏布、帕隆藏布大峡谷进行了实地考察，部署了沿线各类观测设备，确认了观测设备位置及总体布局方案。

科考分队联合了中国科学院青藏高原研究所、中国气象科学研究院等单位，在雅鲁藏布江河谷沿线构建了水汽通道及云降水、地气过程点面结合的综合观测网，本次科考以墨脱站为多种大型观测设备集成观测基地，并沿雅鲁藏布大峡谷自南向北的不同海拔梯度架设了涡动相关地表能量平衡和辐射平衡观测系统（图 2.3），其中综合观测系统包括 1 部云雷达、1 部微雨雷达、4 套测量地气相互作用的近地层湍流观测系统、3 台多通道微波辐射计、8 台 GPS 水汽观测仪、2 套自动气象站和 7 套雨量筒。

本次科考的重点目标是在雅鲁藏布大峡谷的水汽通道主体入口处——墨脱站布设云雷达，云雷达将全天候实时监测水汽通道上空的云结构特征，微雨雷达将实时协同观测空中雨滴结构变化，以研究该地区的云降水物理过程特征。另外，沿雅鲁藏布大峡谷布设各类观测系统，可为水汽通道山谷环境的地气能量交换、山谷风、地表热力结构及其对云、降雨（降雪）和对流活动影响机理研究提供宝贵的观测数据。

山谷地区的上下坡风会引起水汽等在一些区域的聚集，并引发对流甚至降水的产生，本次采用的雷达设备是垂直扫描系统，观测的主要是墨脱县城上空的云变化。云雷达和微雨雷达于 2018 年 12 月初架设在墨脱站观测场开始观测（图 2.4）。

为了探测水汽通道不同位置的垂直各层风、温、湿的动态变化规律，本次科考采用了 3 台多通道微波辐射计进行观测，以探测水汽通道上空大气三维结构特征，不同

图 2.3　雅鲁藏布大峡谷水汽通道科考布设的主要观测点及观测设备

藏东南站的近地层湍流观测系统在本次科考前架设

图 2.4　墨脱站架设的云雷达（左）和微雨雷达（右）

位置的垂直各层风、温、湿日变化规律，并分析雅鲁藏布大峡谷南北水汽分布日变化差异及其成因。该设备观测的温湿垂直廓线，结合地面的辐射、能量平衡观测和大气边界层观测，可研究雅鲁藏布大峡谷水汽输送特征和水汽运输机理、山谷地形对河谷上空异常云降水特征的影响。

　　本次科考的内容是选取雅鲁藏布大峡谷水汽通道进行多气象要素的系统观测，在水汽通道内沿海拔布设 4 个梯度观测站，反映大气水汽含量的空间和时间分布规律。通过本次科考，对布设的相应观测点形成一年的连续监测，在此基础上，后期通过遥感手段反演观测点的水汽含量变化，同时结合长期历史资料，对长序列资料进行校准，确保资料的连续性与一致性。

各观测设备的架设地点如图2.3所示，另外安装在雅鲁藏布大峡谷南北向的GPS水汽观测仪用于分析水汽如何通过该通道从南向北传输（图2.5）。在雅鲁藏布大峡谷的中国科学院高山环境综合观测研究站藏东南站（简称藏东南站，位于鲁朗镇）、排龙站、丹卡站、格当站、卡布站、墨脱站、江拉站和格林站布设了8台GPS水汽观测仪（图2.6）。

多通道微波辐射计按照南北布设来观测水汽从南向北沿水汽通道的传输动态过程，分别在藏东南站、卡布站和墨脱站布设了3台设备。近地层陆–气水热交换观测系统将对雅鲁藏布大峡谷典型下垫面的地气水分交换进行观测，安装时选择了平坦具有一定代表性的下垫面（图2.7）。在水汽通道的中段卡布站架设了多通道微波辐射计，来观测中段不同高度的水汽和温度变化，在水汽通道的末端也即藏东南站观测水汽最终到达末端的量。由此对比分析水汽通道入口处、中段以及末端的水汽变化。在以上观测的基础上，推算水汽通道内水汽输送量。

本次科考还将利用水汽通道内不同海拔架设的自动气象站观测水汽通道内的气温差异，研究水汽通道内的热力差异与水汽输送的关系。

表2.1是水汽通道内各个观测站和各类观测设备的具体布设情况。由于水汽信号从西南方向输入，所以观测站的选择考虑了建筑物不能位于观测仪器的观测足迹范围内。墨脱站依托墨脱县气象站建立，增设云雷达、微雨雷达、GPS水汽观测仪、近地层湍流观测系统。

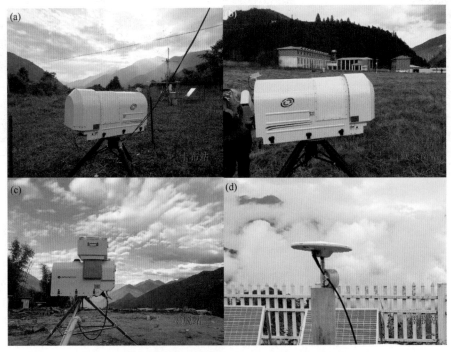

图2.5　科考安装的多通道微波辐射计和GPS水汽观测仪
(a)~(c)为多通道微波辐射计；(d)为GPS水汽观测仪

图 2.6　在水汽通道内布设的 GPS 水汽观测仪

图 2.7　在水汽通道内布设的多通道微波辐射计用于探测水汽通道不同位置的垂直各层风、温、湿的
变化规律

表 2.1 雅鲁藏布大峡谷水汽通道观测设备分布情况

序号	站名	经纬度	海拔/m	观测项目	观测时间
1	西让	94.89°E、29.03°N	511	自动气象站观测气温、湿度、风速、风向、气压、降水、总辐射	2018.11 ～ 2019.12
2	背崩	95.17°E、29.24°N	865	雨量筒观测降水	2018.11 至今
3	亚让	95.28°E、29.29°N	757	雨量筒观测降水	2018.11 至今
4	墨脱	95.31°E、29.30°N	1279	近地层湍流观测系统观测感热、潜热、辐射四分量、土壤温湿度、气温、湿度、风速、风向、降水；GPS 水汽观测仪观测水汽总含量	2018.11 至今
				微雨雷达观测雨滴大小；云雷达观测云结构变化；多通道微波辐射计观测 0 ～ 10km 温湿廓线	2018.11 至今
				相控阵雷达	2019.10 至今
				天空成像仪测量云量；激光测风雷达测量 0 ～ 3km 大气风速风向	2019.10 至今
5	米日	95.40°E、29.41°N	830	雨量筒观测降水	2018.11 至今
6	卡布	95.45°E、29.47°N	1421	近地层湍流观测系统观测感热、潜热、辐射四分量、土壤温湿度、气温、湿度、风速、风向、降水，多通道微波辐射计观测 0 ～ 10km 温湿廓线；GPS 水汽观测仪观测水汽总含量；雨量筒观测降水	2018.11 至今
7	东仁	95.45°E、29.53°N	1149	雨量筒观测降水	2018.11 至今
8	80K	95.48°E、29.65°N	2100	自动气象站观测气温、湿度、风速、风向、气压、降水	2018.11 至今
9	喜荣沟	95.58°E、29.71°N	2750	雨量筒观测降水	2018.11 至今
10	丹卡	95.68°E、29.88°N	2709	近地层湍流观测系统观测感热、潜热、辐射四分量、土壤温湿度、气温、湿度、风速、风向、降水等	2018.11 至今
				雨量筒观测降水；GPS 水汽观测仪观测水汽总含量	2019.05.17 至今
11	排龙	95.01°E、30.04°N	2042	近地层湍流观测系统观测感热、潜热、辐射四分量、土壤温湿度、气温、湿度、风速、风向、降水等	2018.11 至今
				雨量筒观测降水；GPS 水汽观测仪观测水汽总含量	2019.05.17 至今
12	藏东南	94.44°E、29.46°N	3330	多通道微波辐射计观测 0 ～ 10km 温湿廓线	2018.11 至今
				GPS 水汽观测仪观测水汽总含量	2019.07.17 至今
13	格当	95.69°E、29.45°N	1953	自动气象站观测气温、湿度、风速、风向、气压、降水、总辐射；GPS 水汽观测仪观测水汽总含量	2019.08.17 至今

本次科考在西让站、墨脱站、卡布站、格当站、排龙站、藏东南站进行了各种气象观测，补充了第一次青藏高原综合科学考察在雅鲁藏布江下游的水汽通道内的观测空白，为研究影响该地区生态景观的气候变化规律提供了基础气象数据。另外，2019

年和 2020 年分别在藏东南站、卡布站及墨脱站开展了无人机探空试验观测，藏东南站获得了 40 条探空廓线、卡布站获得了 92 条探空廓线、墨脱站获得了 49 条探空廓线。利用这些探空廓线对微波辐射计反演的温湿廓线进行了验证。图 2.8 为 2020 年 10 月 15 ～ 18 日开展无人机探空试验观测的科考队员。

图 2.8　2020 年 10 月在藏东南站（左图）和卡布站（右图）开展无人机探空试验观测的全体科考队员

　　自 2018 年 11 月雅鲁藏布大峡谷科考分队布设了一部分观测设备后，陈学龙执行分队长分别于 2019 年 4 月、7 月、10 月和 2020 年 6 月、10 月安排队员对观测网进行维护、下载数据并进行数据质量控制，后期将对数据进行整理并综合分析后发表。

　　为了研究水汽输送和降水的关系，本次科考先后在雅鲁藏布大峡谷地区布设了 24 个雨量筒观测站（图 2.9），这些雨量筒的观测信息能用于分析雅鲁藏布大峡谷地形对

图 2.9　2018 年 10 月～ 2020 年 10 月在雅鲁藏布大峡谷布设的部分雨量筒观测站

降水时空分布的影响，结合其他观测资料分析该地区强降水发生的时空特征，为该地区的灾害防治提供重要的参考依据。

参考文献

高登义.2012.穿越雅鲁藏布大峡谷.北京:北京大学出版社.

高登义,邹捍,王维.1985.雅鲁藏布江水汽通道对降水的影响.山地学报,3(4):51-61.

刘天仇.1999.雅鲁藏布江水文特征.地理学报,54(s1):157-164.

杨逸畴,高登义,李渤生.1987.雅鲁藏布江下游河谷水汽通道初探.中国科学(B辑),(8):893-902.

第 3 章

雅鲁藏布大峡谷地区自然环境与气候背景

藏东南地区是全球多圈层相互作用最突出的区域之一,其中,雅鲁藏布江流域地形、地质、生态、水文和气象复杂多样,是圈层变化剧烈、影响深远的典型地区,在自然环境变化与人类活动的交互作用下,该区域的跨境水资源与生态安全是我国及周边地区经济社会可持续高质量发展的重要问题。本章讨论了在南亚季风和东亚季风的影响下,位于水汽通道核心区的雅鲁藏布江流域水文环境与区域气候的基本研究成果,即①雅鲁藏布江流域气象与水文变化特征:由于西南季风的强烈影响,流域气候差异明显,其上(下)游为干冷(暖湿)气候;在全球变暖下,气温呈上升趋势,区域响应较剧烈,冬季最大、秋季最小,而降水主要呈减少趋势,尤其是秋季、夏季和冬季,这与印度季风的减弱有密切关系。虽然降水减少有利于水灾害控制,但需考虑未来水资源减少的不利状况。另外,由于资料缺乏和时空选取问题,也有研究指出其降水呈增多趋势。②雅鲁藏布江流域降水时空变化特征:流域属于强降水分带,降水空间差异显著,表现出从东部到西部逐渐递减的特征,下游至上游雨季开始时间推迟、持续时间缩短,雨季降水占全年比重增加,但由于印度季风的持续减弱,雨季和全年降水则逐渐减少。流域降水季节分配不均匀,主要集中在 6 ~ 9 月。流域极端降水指标值、极端降水事件呈明显上升和增多趋势;流域年、湿季径流量具有明显的年代际波动特征,2010 年后不显著增加,并与降水量呈显著正相关,降水变化是雅鲁藏布江径流最主要的影响因子,土地利用和气候变化对其径流的影响具有地区和季节差异性;流域低海拔归一化植被指数(NDVI)增加更显著,高海拔 NDVI 比较稳定或呈减少趋势。流域土壤湿度 1970 ~ 2009 年显著降低,降水是其土壤湿度变化的主导因子,其次是蒸发、气温和雪水当量。③雅鲁藏布大峡谷地区自然环境与气候背景:在纵向河谷通道及山脉阻隔作用下,大峡谷区域生态环境变化具有广泛的扩散效应(徐娟,2017),并造就了重要的青藏高原水汽通道,以及暖湿气候和垂直分布带,该地区的水汽输送对区域天气气候也有显著影响,不仅为青藏高原东南部及其南侧带来大量降水,而且还会引发青藏高原东侧大面积暴雨与泥石流灾害。④雅鲁藏布大峡谷地区无论是冰冻圈(海洋性冰川快速消融)、大气圈(最强水汽输送通道)、生态圈(全谱带景观)、水圈(丰富的水电资源),还是人类圈(多民族文化交流通道)都表现出显著的区域特色、极端过程和独特影响。但是,该地区环境条件艰苦,观测基础薄弱,资料数据时间短、频次少、覆盖范围小,缺乏全面系统的圈层观测要素,不足以准确揭示其水文、气象和生态环境变化的基本事实、物理过程和异常机制,也难以建立有效的物理模型和模式,需开展深入的分析研究。

藏东南地区以高山峡谷为主要地理特征,地形高差巨大,最大超过 6000 m,地形起伏且复杂多样,具有冰川、河流、湖泊、高山森林、高山草甸、灌木、草地、农田等下垫面,是青藏高原非均匀下垫面地区的典型代表,藏东南地区是东亚地区重要的水汽通道(徐祥德等,2002),也是东亚季风和南亚季风的交汇区,与南亚季风关系密切(Zhou et al.,2015)。

雅鲁藏布江流域是西藏最大的流域,也是世界上海拔最高的流域(刘天仇,1999),流域南部为喜马拉雅山,北部为冈底斯山和念青唐古拉山,南北较窄,东西较长。

雅鲁藏布大峡谷地势复杂，是藏东南山地的典型代表。对该区域的气候、天气特征背景的认识是研究雅鲁藏布大峡谷水汽通道受季风强弱交替影响所必需的。雅鲁藏布大峡谷水汽通道科考区位于藏东南关键区，西起雅鲁藏布江下游，东抵横断山区中北部。该地区是以高山峡谷为主体的自然地理区域，而高山峡谷的地形主要受区域地质构造的影响。雅鲁藏布大峡谷及其周缘地区是大陆动力学、壳幔动力学、地球系统中各圈层间耦合作用及大陆块体运动学研究最理想的野外实验地（季建清等，1999）。

在雅鲁藏布江、澜沧江、红河上游进行水电开发，将引起流域水文过程的变化。在自然环境变化与水电工程影响的交互作用下，该区域跨境水资源与生态安全问题突出，成为中国和周边国家关注的焦点（徐娟，2017）。雅鲁藏布江流域也是西藏人民经济活动的主要区域，该区域开展的水文、气象要素变化研究具有重要意义。本章重点对 2018 年科考的藏东南地区气象和水文要素变化进行综述性总结。

3.1 藏东南地区气象与水文变化特征

雅鲁藏布江发源于喜马拉雅山北坡，自西向东流，河流总长约 2000 km，流域面积大约 24 万 km^2。由于流域内特殊的地形，导致上下游的气候特征差异明显，上游为干冷气候，下游为暖湿气候，流域气候受到西南季风的强烈影响，因而干湿季有明显的季节性差异。观测发现，相隔不到 80 km 的江孜和日喀则的年降水量能相差 40%（黄浠等，2016）。从长期温度变化趋势来看，雅鲁藏布江流域也呈现出与整个青藏高原变化相同的升温趋势。图 3.1 给出了雅鲁藏布江流域的气象站点分布情况。由于观测资料的缺乏，当前对雅鲁藏布江流域的气候变化的认识还很缺乏。刘江涛等（2018）基于雅鲁藏布江流域 19 个气象站点 1973～2016 年的逐日降水数据，使用线性倾向估计法、曼-肯德尔（Mann-Kendall，M-K）非参数统计检验法和皮尔逊（Pearson）相关系数法，分析了雅鲁藏布江流域极端降水事件的时空变化特征及其与印度洋偶极子指数（DMI）的相关性，认为1973～2016 年，雅鲁藏布江流域极端降水指标值整体上呈现出上升趋势。

马鹏飞等（2016）的研究结果表明，1971～2014 年藏东南林芝地区年平均气温

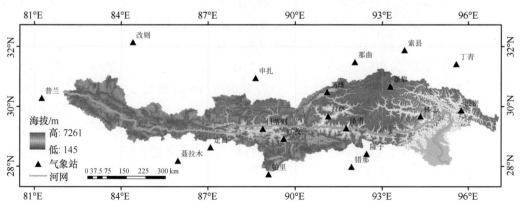

图 3.1 雅鲁藏布江流域地形及气象站点分布（刘江涛等，2018）

上升趋势较为明显，近 44 年平均上升了约 1.4℃（图 3.2），升温率为 0.26℃/10a（通过置信度为 99% 的显著性检验），这种趋势在 1981～2014 年表现得更明显，升温率达到 0.35℃/10a。就地域来看，近 44 年平均气温变化趋势为 0.20～0.32℃/10a，以米林最大、察隅最小。从季节变化来看，近 44 年藏东南林芝地区冬季增温最大，为 0.32℃/10a；夏季次之，为 0.26℃/10a；秋季增幅最小，为 0.21℃/10a，以上变化趋势均通过了置信度为 99% 的显著性检验。季节平均最低气温同样也呈现明显的升高趋势，升幅为 0.20～0.38℃/10a，其中夏季升幅最大，其次是春季，为 0.29℃/10a。夏季平均最低气温的升温率为 0.28℃/10a，高于平均最高气温的升幅（0.24℃/10a），而冬季平均最高气温的升温率大于最低气温，这与西藏其他区域最低气温升幅明显高于最高气温有所不同，体现了区域性气候变化的差异（马鹏飞等，2016）。

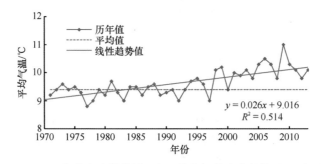

图 3.2　1971～2014 年藏东南林芝地区年平均气温的变化趋势（马鹏飞等，2016）

陈宝雄等（2012）利用西藏东南部 9 个气象站资料分析该地区气候变化特征，结果表明，藏东南林区的气温上升趋势明显，20 世纪 50 年代至今，藏东南林区气温升高了 0.9℃。藏东南林区在没有人为活动的影响下，升温幅度仍然高于其他区域，说明高海拔（或高寒）区域气温对全球变暖响应比较剧烈。藏东南林区气温变化特征总体表现为：20 世纪 80 年代以前平稳波动，1980～2000 年升温较快，1990～2009 年年平均气温升高了 1.31℃，2001 年出现升温突变点，升温变率急剧增加（图 3.3）（陈宝雄等，2012）。

马鹏飞等（2016）选取藏东南林芝地区内林芝、米林、波密和察隅 4 个气象站 1981～2014 年逐月气象数据研究了藏东南地区年（图 3.4）、季降水量的变化趋势，结果表明，春季降水量呈现增加的趋势（5.32 mm/10a），其他 3 个季节都表现为减少趋势（–4.16～–1.01 mm/10a），以秋季减少幅度最大。大部分季节降水趋于减少，年降水量也呈减少趋势，但减幅不大，为 –1.24 mm/10a（未通过统计检验）。从近 34 年（1981～2014 年）藏东南林芝地区的年、季降水量的年际变化趋势来看，夏、秋两季降水量的减幅在加大，分别为 –8.35 mm/10a 和 –13.85 mm/10a（$P<0.10$）；春季降水量增幅也在加大，为 6.24 mm/10a，冬季变化不大；而年降水量减幅也在加大，为 –16.81 mm/10a。近 34 年来，区域内各站降水量均呈现出减少趋势，减幅为 –29.9～–3.71 mm/10a，其中波密减幅最大，其次是察隅，为 –29.55 mm/10a。降水减少主要表现在夏季和秋季。

对于藏东南地区降水趋势研究，使用的资料长短和站点数量不同，得到的结论有

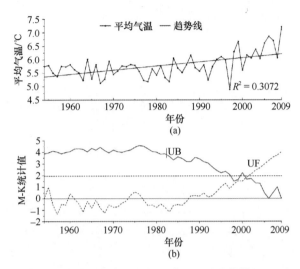

图 3.3　藏东南林区年平均气温变化（陈宝雄等，2012）

UB 与 UF 被 M-K 用来做突变检验；UB 与 UF 的相交点为突变年份

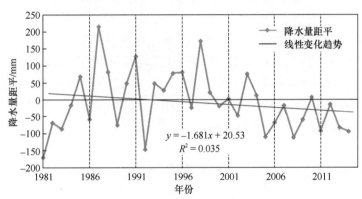

图 3.4　1981 ~ 2014 年藏东南林芝地区年降水量的变化趋势（马鹏飞等，2016）

较大差异。Sang 等（2016）对藏东南地区内林芝、米林、波密和察隅 4 个气象站的资料分析后指出，雅鲁藏布江流域极端降水发生时间和幅度在过去 40 年来呈现下降趋势，总体有利于该地区水灾害控制，印度季风指数与雅鲁藏布江流域的夏季降水呈正相关，自 1998 年以来，印度季风的减弱已经引起该地区雨季降水的减少。如果印度季风一直持续减弱，那么由降水减少引起的该地区的潜在水储存减少问题会更严峻，因此需要制定一些可适应性的对策以面对未来该地区不利的水资源状况。

　　陈宝雄等（2012）采用索县、昌都、嘉黎、察隅、林芝、洛隆、丁青、左贡和波密 9 个气象站资料研究表明，随着气温的升高，藏东南地区降水明显增加（图 3.5），该地区的多年平均降水量为 581 mm，1954 ~ 2009 年藏东南地区的年降水量增加，大部分增加在近 30 年。20 世纪 80 年代以前，藏东南地区年降水量相对偏少，约为 500 mm，年际波动相对较小，最高值和最低值分别为 575 mm 和 415 mm。1979 年是降水量增加的突变点，之后藏东南地区降水量明显增多，且年际波动幅度增大，最大值 734 mm（1998 年）是最小值 463 mm（2009 年）的 1.6 倍（陈宝雄等，2012）。

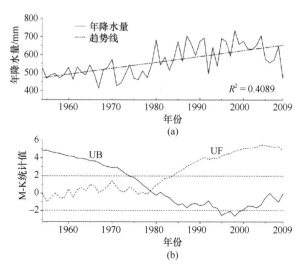

图 3.5　1954～2009 年藏东南地区年降水量（a）与降水的 M-K 检验（b）（虚线为通过 0.05 显著水平线）
（陈宝雄等，2012）

UB 与 UF 被 M-K 用来做突变检验；UB 与 UF 的相交点为突变年份

通过分析藏东南地区气温的年际和年代际变化、气候突变以及年、季节降水量，结果表明，近 44 年平均气温有升高的趋势，最高气温和最低气温都出现了升高的趋势。从图 3.4 和图 3.5 可以看出，两篇论文得到的降水变化趋势是相反的，马鹏飞等（2016）的研究结果显示降水是减少的，而陈宝雄等（2012）的研究结果显示降水是增加的。因此，今后仍需要更可靠的观测资料分析该地区降水的变化。

3.2　雅鲁藏布江流域降水时空变化特征

3.2.1　雅鲁藏布江流域降水空间分布

雅鲁藏布江流域内几乎包含了西藏所有的强降水分带，自下游至上游可分为极湿润带（多雨带）、湿润带、半湿润带、半干旱和干旱带（张小侠，2011）。从下游到上游年降水量受印度季风的影响可从 5000 mm 降到 300 mm，降水量年际变化小而年内分配极不均匀。雅鲁藏布江流域降水主要受孟加拉湾暖湿气流的影响，下游段的墨脱年降水量约为 3500 mm，中游段的米林约为 600 mm，日喀则约为 420 mm，中游上段的拉孜约为 310 mm，仲巴约为 280 mm，梯度变化明显（图 3.6），流域内年降水量的 60%～90% 主要集中在 6～9 月（聂宁等，2012）。暴雨主要发生在朗县至墨脱县海拔较低的下游峡谷地区，最大年降水量与最大洪峰流量大多出现在 7～8 月（刘湘伟，2015）。

图 3.6（c）～图 3.6（h）显示了一条自孟加拉湾出海口经布拉马普特拉河上溯至雅鲁藏布大峡谷的降水大值区，比较几套降水资料可以看出，这些资料在该地区存在显著的空间差异，图中的降水资料包括再分析资料、卫星反演降水资料，因此对雅鲁藏布

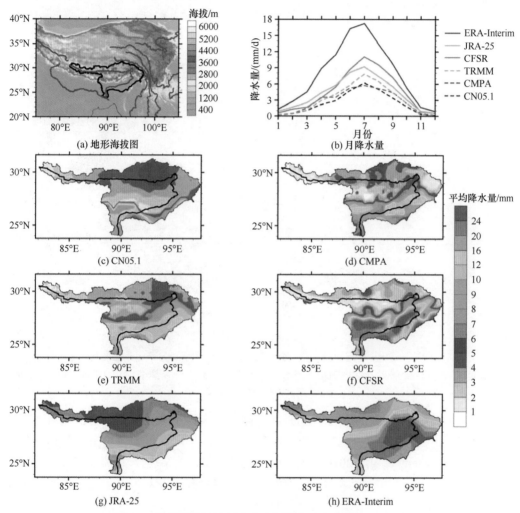

图 3.6 雅鲁藏布江流域降水空间分布（张文霞等，2016）

不同资料给出的 1998～2007 年流域夏季平均降水量分布

大峡谷地区降水空间差异的观测对于研究这一地区的水资源具有重要的意义。

雅鲁藏布江流域的极端降水指标值呈现出从流域的东部向西部逐渐递减的空间布局特征（图 3.7），并且在流域的中西部地区偶尔出现区域性高值中心（刘江涛等，2018；张小侠，2011）。这样的空间分布特征表明，近年来雅鲁藏布江流域东部湿润地区暴雨事件可能更加频繁，洪涝灾害可能更加严重，西部地区则从相对干旱逐渐变得相对湿润（You et al.，2007）。各极端降水指标都表现出相似的空间分布特征，说明雅鲁藏布江流域的极端降水事件主要发生在流域的东部地区，与雅鲁藏布江流域的年平均降水量空间分布一致。

刘江涛等（2018）的研究结果指出，雅鲁藏布江流域的极端降水指标在空间上存在明显的差异性，其值表现出从东部到西部逐渐递减的分布特征。

从雅鲁藏布江下游到上游，雨季开始时间逐渐推迟并且持续时间缩短，雨季降水

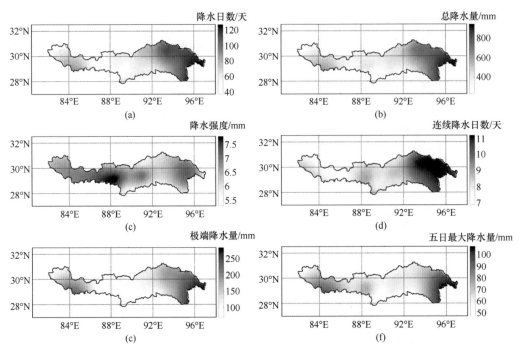

图 3.7 1973 ～ 2016 年雅鲁藏布江流域极端降水指标的空间分布（刘江涛等，2018）
(a) 降水日数 (RD)；(b) 总降水量 (PRCPTOT)；(c) 降水强度 (SDII)；(d) 连续降水日数 (CWD)；(e) 极端降水量 (R95p)；
(f) 五日最大降水量 (RX5d)

量占全年降水量的比重逐渐增加，但是雨季降水量和全年降水量从下游到上游逐渐减少，反映出印度季风对该流域的影响，雅鲁藏布江全年降水量的减少主要是夏季降水的减少造成的 (Sang et al.，2016)。伴随着印度季风的持续减弱，该流域降水引发的灾害可能会减少，但是由于降水的持续减少，径流也会减少，未来这一地区的水资源短缺会更严峻。

3.2.2 雅鲁藏布江流域降水时间变化特征

聂宁等（2012）利用雅鲁藏布江流域范围内及周边 39 个气象站点 1978 ～ 2009 年的逐年气象数据，对雅鲁藏布江流域降水的时空变化特征及未来变化趋势进行了研究，指出该流域年平均降水量以 7.935 mm/10a 的速度呈现缓慢的增加趋势（图 3.8）。全流域降水量变化状况大致可分为 3 个阶段：1978 ～ 1991 年，降水量在多年平均值上下来回振荡，无显著变化趋势；1992 ～ 1999 年，流域降水量以 21.2 mm/a 的速度线性增长；2000 ～ 2009 年，流域降水量以 –11.92 mm/a 的速度线性下降（聂宁等，2012）。1961 ～ 2005 年，雅鲁藏布江流域的降水没有统计得到显著的增加趋势 (You et al.，2007)。

降水变化倾向率空间分布的基本规律是，由东往西逐渐减小（图 3.9）。总体来看，整个流域以波密为中心，降水变化倾向率向外逐渐递减。吉隆—萨嘎—措勤以西地区、

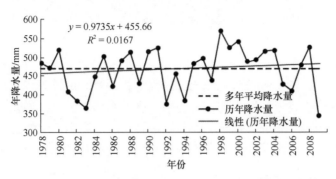

图 3.8　1978 ～ 2009 年雅鲁藏布江流域年降水量变化趋势（聂宁等，2012）

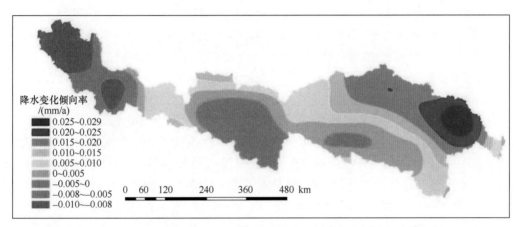

图 3.9　1960 ～ 2009 年雅鲁藏布江流域年际降水变化倾向率空间分布（张小侠，2011）

年楚河流域及周边地区、加查 – 曲松地区为降水量减少区，其余中下游地区为降水量增加区。波密为降水增加幅度最大区，河源区为降水减少幅度最明显区域（张小侠，2011）。王秀娟（2015）研究指出，1973 ～ 2013 年流域内降水年际变化趋势不明显，降水季节分配不均匀。

夏季雅鲁藏布江流域是水汽辐合区，降水大于蒸发；秋末到次年春季，流域整体是水汽辐散区，蒸发大于降水；区域降水主要集中在 6 ～ 9 月（张顺利和陶诗言，2001）。相关研究进一步表明，近几十年来，雅鲁藏布江所在区域的气温、降水等主要呈增加趋势（聂宁等，2012；杨志刚等，2013，2014；游庆龙等，2009）。例如，杨志刚等（2014）研究发现，1961 ～ 2010 年雅鲁藏布江流域降水量表现为不显著的增加趋势，增加速率为 3.3 mm/10a。

刘湘伟（2015）根据雅鲁藏布江流域 6 个水文站数据统计发现，全流域各水文站的径流、降水、气温均呈上升趋势，其中各水文站实测气温增长率明显高于全国和全球气温增长率。游庆龙等（2009）对雅鲁藏布江流域极端降水事件的研究表明，最大的 1 天降水总量和逐年连续无降水天数有减少趋势，最大的 5 天降水总量、中雨天数、逐年平均降水强度和逐年连续降水天数有增加趋势，20 世纪 90 年代以来增加趋势明显。刘江涛等（2018）研究发现，1973 ～ 2016 年雅鲁藏布江流域极端降水指标值整体上呈现出上升趋势，与流域内年平均降水量变化趋势相一致，其中降水日数、总降水量、极端降水量、连续降水日数指标均在 95% 信度水平上显著增加。雅鲁藏布江流域的极端降水指标值在空间上存在明显的差异性，表现出从东部到西部逐渐递减的分布特征（图 3.7）。

雅鲁藏布江流域地处青藏高原东南部，高海拔、复杂的地形以及恶劣的气候导致该流域气象站点较少且分布很不均匀，特别是中部和西部的气象站点十分稀少（姬海娟等，2018）。黄浠等（2016）验证了中国地面降水网格数据、气候变化研究联盟降水数据和全球陆地同化系统降水数据在雅鲁藏布江流域的精度，并分析了不同源数据降水量年际变化特征和概率分布特性之间的差异。张文霞等（2016）评估了降水的不同再分析资料，各资料降水空间分布一致，但普遍强于观测，平均为观测的 2 倍左右。为了获取我国西南典型缺资料地区——雅鲁藏布江流域较高时空分辨率的降水空间分布数据，吕洋等（2013）、蔡明勇等（2017）开展了复杂地形条件下的卫星降水资料降尺度方法研究，构建了基于 TRMM 降水数据的雅鲁藏布江流域降水时空降尺度模型，结果较原始降水数据空间分布更为合理且细节刻画能力更强。

由图 3.10 可以看出，雅鲁藏布江流域降水日数 1973 ～ 2016 年呈现增加趋势，降水强度基本没变化，连续降水日数也呈现增加趋势，极端降水量呈递减趋势，该地区总降水量的增加主要是由降水日数增加引起的，极端降水量减少对总降水量的影响不人。

综上所述，雅鲁藏布江流域的降水呈现出从流域的东部向西部逐渐递减的空间布局特征，暴雨多寡的空间分布与平均降水基本一致（杨浩等，2019）。近几十年，全流域年均降水和极端降水事件均呈现增加趋势，但各区域表现略有不同（杨浩等，2019）。

3.2.3 雅鲁藏布江流域径流量

雅鲁藏布江位于青藏高原东南部，发源于喜马拉雅山北麓杰马央宗冰川，在印度境内改称布拉马普特拉河，最终注入孟加拉湾。作为世界上海拔最高的大河之一，雅鲁藏布江流域内冰川广布，水量丰沛，是西藏地区的主要淡水资源，更是我国水能水资源的重要储备。同时，雅鲁藏布江流域也是西藏主要的人口聚集地，该流域的气候和水资源变化对当地社会经济具有重要影响（聂宁等，2012）。雅鲁藏布江流域的天然水能蕴藏量仅小于长江流域，居全国第二位，在以单位面积天然水能蕴藏量相比较时，该流域是长江流域的 3 倍，居全国之首（刘天仇，1999）。

杨志刚等（2014）利用雅鲁藏布江流域 6 个气象站、6 个水文站的近 50 年降水量和径流量序列资料，分析了雅鲁藏布江流域降水变化特征及其对径流量的影响，认为年、湿季尺度上径流量和降水量的相关性显著（图 3.11），湿季作为径流的主要形成期，其降水量的多寡直接影响流域径流量的丰枯，降水变化是雅鲁藏布江天然径流最主要的影响因子，最终也决定了雅鲁藏布江流域年径流量的丰枯。雅鲁藏布江的径流量具有明显的年代际波动，20 世纪 60 年代是一个相对丰水期，70 年代径流量有所减少，80 年代达到最小值，之后流域径流量有所回升，进入 21 世纪前 10 年后有不显著的增加趋势。降水变化是雅鲁藏布江径流最主要的影响因子。

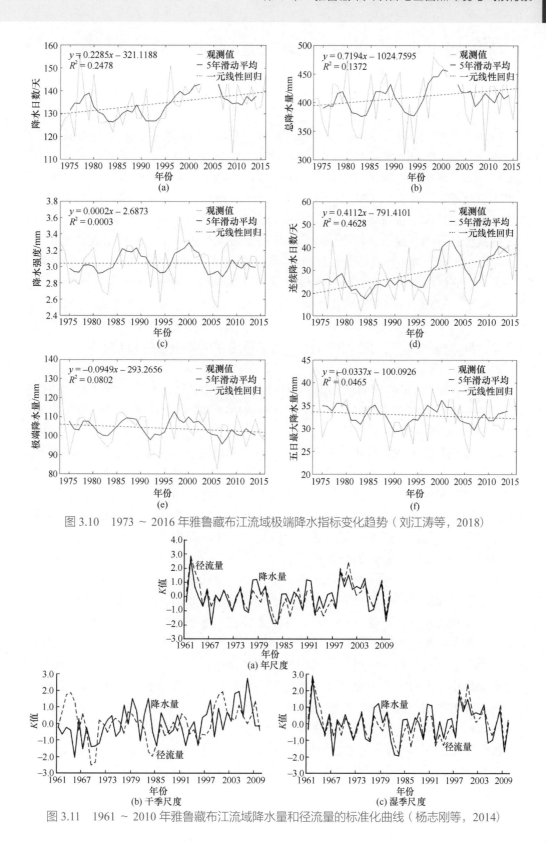

图 3.10 1973 ~ 2016 年雅鲁藏布江流域极端降水指标变化趋势（刘江涛等，2018）

图 3.11 1961 ~ 2010 年雅鲁藏布江流域降水量和径流量的标准化曲线（杨志刚等，2014）

Liu 等（2014）研究了雅鲁藏布江流域的土地利用和气候变化对径流的影响，该流域表现为人工种植森林的增加，草地退化，冰川退缩，荒漠化加剧，年平均气温、降水、径流在 1974～2000 年表现为增加趋势，土地利用和气候变化对径流的影响在不同地区和季节表现不同。

Li B 等（2015）研究发现，该流域的降水在 1961～2014 年有一个并不显著的增加趋势，流域年平均降水量为 512.4 mm，流域气温对全球变化比较敏感，升温率约为 0.32 ℃/10a，该升温率显著大于全球 1993～2012 年的 0.14 ℃/10a 的升温率。You 等（2007）分析指出，该流域 1961～2005 年的升温率为 0.28 ℃/10a。Shi 等（2011）利用区域气候模型模拟了雅鲁藏布江流域在联合国政府间气候变化专门委员会（IPCC）的 A1B 气候情景下的气候变化，文中用到的两种区域气候模型都能模拟出显著的升温趋势，但是在空间分布和升温幅度上有一定差异，温度的模拟仍然有 2～5℃的冷偏差，年平均降水高估约 50%，因此还需要继续发展该流域的区域气候模型，另外作者还认为水文模型和区域气候模型的耦合能够更好地刻画这个地区径流和水资源的模拟。

3.2.4 雅鲁藏布江流域 NDVI、土壤湿度的空间分布及变化

Li H 等（2015）利用 SPOT 卫星的 NDVI 数据研究了 1999～2013 年不同海拔的植被变化，指出年均 NDVI 增加了 8.83%，低海拔植被 NDVI 增加更显著，高海拔植被 NDVI 比较稳定或有减少趋势。

对雅鲁藏布江流域土壤水时空变化的分析对于研究该流域的径流和下游的可利用水具有重要意义。Li 等（2019）利用全球陆面同化系统资料分析了雅鲁藏布江整个流域土壤湿度的时空变化，并讨论了控制该流域土壤湿度变化的水文气象因素，认为雅鲁藏布江流域的土壤湿度在 1970～2009 年是显著降低的，降水是该流域土壤湿度变化的主导因子，蒸发、气温和雪水当量对土壤湿度的影响要弱些，原因可能是该流域雪盖面积较小，故而对土壤湿度的影响不大。

雅鲁藏布江流域气候变暖、冰川融化对于该流域的水循环具有重要影响，对气候变化背景下该流域水文要素的变化研究对于该流域水资源的开发具有重要意义，尤其是该流域土壤含水量、土壤总储水量、地下水储存、冰川物质平衡、积雪融化、径流的变化等都是值得研究的问题。土壤非饱和层的含水量是一个流域水循环的重要组成部分。土壤湿度可以影响地表的蒸发和植被的光合作用，来自降水和降雪的一部分水储存在土壤中，土壤湿度也能调节大气湿度，因此研究土壤含水量的变化以及土壤水和其他水文气象因子的相互影响的重要性逐渐被研究人员认识到。图 3.12 给出雅鲁藏布江流域四个季节 0～2 m 土壤含水量的空间变化，四个季节的土壤含水量以夏季最高、秋季次之，该地区的土壤含水量空间变化不大。蒸发对于土壤湿度具有重要影响，但是当前还很缺乏可靠的蒸发产品，实际研究中多采用气温、辐射和水汽压差代替蒸发来研究其对土壤湿度的影响。

Li 等（2019）的研究结果显示，降水是雅鲁藏布江流域土壤含水量变化的主导因素，

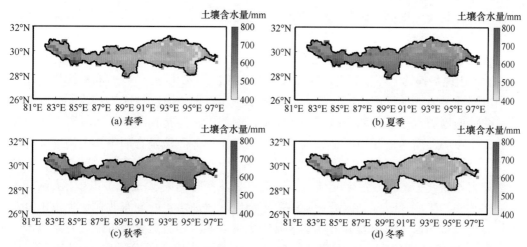

图 3.12 雅鲁藏布江流域四个季节 0 ~ 2 m 土壤含水量的空间变化（Li et al.，2019）

两者相关性在 1992 年前能够达到 0.9，影响土壤含水量变化的因子依次为蒸发、气温和雪水当量，1992 年之后土壤含水量和气温呈负相关，有可能是 1992 年前该流域冻土融化造成土壤含水量和气温成正比，而 1992 年之后冻土已全部融化不再影响该流域土壤含水量，故而气温和土壤含水量呈负相关，另外这里作者并没有给出相关性的可靠性，所以对其正负相关的结果尚值得讨论。

3.3 雅鲁藏布大峡谷地区自然环境与气候背景

中国西南山地不仅有大面积区域属于国际生态保护的热点地区，而且还集中分布着怒江、澜沧江、红河等重要的国际河流。受纵向河谷"通道"及山脉的"阻隔"作用，该区域生态环境变化具有广泛的扩散效应（徐娟，2017；何大明等，2007）。雅鲁藏布大峡谷独特的河谷地形造就了青藏高原重要的水汽通道，是青藏高原地区水汽输送的关键区，也是东亚海洋与陆地水分循环过程水汽交换的关键区。来自印度洋的暖流与北方寒流在念青唐古拉山东段交汇，形成了墨脱乃至藏东南地区的热带、亚热带、温带及寒带气候并存的多种气候带。暖流常年鱼贯而入，形成了该地区特殊的热带湿润和半湿润气候。河谷水汽通道的作用使得该地区的高山南坡均有从热带、亚热带到北极的气候垂直带分布。该通道的水汽输送对青藏高原的天气和气候也有显著影响（高登义，2012；杨逸畴等，1995）。

暖湿的水汽输送给雅鲁藏布大峡谷地区带来暖湿气候和立体生态，使之成为古老物种的"避难所"（高登义和周立波，1999），虽曾经历第四纪冰川期的侵袭，但雅鲁藏布大峡谷地区仍然保存了大量的古老物种，存留了许多"活化石"，大峡谷单位河段水能蕴藏量居世界同类大河之首，水汽通道作用为大峡谷带来了优越的水热条件，使得大峡谷内的动物、植物、微生物等物种资源极为丰富，被誉为"物种资源的宝库""植被类型的天然博物馆"（高登义，2012；杨逸畴等，1995）。而且雅鲁藏布大峡谷的通道作用还与藏族历史、文化发展密切相关，历史上还在该流域的泽当地区形成了"泽当文化时期"（高登义，2012；杨逸畴等，1995）。

　　雅鲁藏布江是藏东南地区重要的河流之一，其河谷也是青藏高原最大的水汽通道，但由于地势偏远、环境恶劣，气象资料极其匮乏。该地区还广泛分布海洋性冰川，由于水汽通道为该地区高山冰川带了大量降水，所以形成海洋性冰川。该地区有各种不良的地质地貌现象高频率、高强度地发生，南迦巴瓦峰是我国藏东南海洋性冰川发育的一个中心，南迦巴瓦地区是我国冰雪型、暴雨型泥石流发育的中心（杨逸畴等，1987），发生的泥石流大多与暴雨和冰川崩塌有关。每年雨季，山崩、滑坡和泥石流等自然灾害不断发生，常常阻断交通。上述灾害显然都与这条水汽通道带来的大量降水有密切关系。印度洋暖湿气流沿青藏高原东南缘水汽通道不断向东北输送大量水汽，不仅会给青藏高原东南部及其南侧地区带来大量降水，而且还会在青藏高原东侧产生大面积暴雨，引发泥石流（高登义等，1985）。若青藏高原上空为强盛副热带高压，则青藏高原东南部及其南侧地区都在偏北气流控制下，不利于暖湿气流向青藏高原运移，给青藏高原东南部及其南侧地区带来少雨或无雨晴好天气，南迦巴瓦峰西侧90°E附近形成的低涡会对南迦巴瓦地区天气带来影响（杨逸畴等，1987）。

　　综上所述，雅鲁藏布大峡谷地区无论是冰冻圈（海洋性冰川快速消融）、大气圈（最强水汽输送通道）、生态圈（全谱带景观）、水圈（丰富的水电资源），还是人类圈（多民族文化交流通道）等都表现出显著的区域特色、极端过程和独特影响。从2018年10月考察队沿途拍摄的照片就可以看出，该地区存在泾渭分明的气候差异（图3.13）。墨脱地区是青藏高原最湿润的地区，常年保持亚热带气候的特点。而处在青藏高原内陆的色季拉山口在同期已被茫茫白雪覆盖，海拔低一点的鲁朗则表现为秋季的气候特征。从林芝到波密、墨脱考察，可谓一日知四季。

图3.13　泾渭分明的季节及易发生滑坡、泥石流的地段

由于该地区观测基础薄弱，目前对气候变化背景下雅鲁藏布江的水汽输送机制仍然缺乏认识，加上该区域实验条件艰苦、观测难度大，缺乏全面系统的大气圈层要素的监测数据，第一次青藏高原综合科学考察对该地区的观测时间短、频次少、空间普及率低，具有时间和空间的双重局限性，不足以揭示水汽输送过程的演变规律与机理。而且观测数据缺乏也使得物理模型等相关方法难以在该地区应用和进行准确验证，这在一定程度上阻碍了模型的集成和发展，急需利用多种观测资料，揭示该地区空中水资源的演变规律和驱动机制。

参考文献

蔡明勇, 吕洋, 杨胜天, 等. 2017. 雅鲁藏布江流域TRMM降水数据降尺度研究. 北京师范大学学报(自然科学版), 53(1): 19.

陈宝雄, 王景升, 冉琼千, 等. 2012. 1954—2009年藏东南林区的气候变化特征. 气候变化研究进展, 8(1): 43-47.

高登义. 2012. 穿越雅鲁藏布大峡谷. 北京: 北京大学出版社.

高登义, 周立波. 1999. 再探世界峡谷之最: 中国科学院徒步穿越雅鲁藏布大峡谷. 科学, (3): 30-32.

高登义, 邹捍, 王维. 1985. 雅鲁藏布江水汽通道对降水的影响. 山地研究, 3(4): 51-61.

何大明, 柳江, 胡金明, 等. 2007. 纵向岭谷区的跨境生态安全与调控体系. 科学通报, (A02): 1-9.

黄浠, 王忠根, 桑燕芳, 等. 2016. 雅鲁藏布江流域不同源降水数据质量对比研究. 地理科学进展, 35(3): 339-348.

姬海娟, 刘金涛, 李瑶, 等. 2018. 雅鲁藏布江流域水文分区研究. 水文, 38(2): 35-40, 65.

季建清, 钟大赉, 丁林, 等. 1999. 雅鲁藏布大峡谷地质成因. 地学前缘, 6(4): 231-235.

刘江涛, 徐宗学, 赵焕, 等. 2018. 1973—2016年雅鲁藏布江流域极端降水事件时空变化特征. 山地学报, 36(5): 750-764.

刘天仇. 1999. 雅鲁藏布江水文特征. 地理学报, 66(s1): 157-164.

刘湘伟. 2015. 雅鲁藏布江流域水文气象特性分析. 北京: 清华大学.

吕洋, 杨胜天, 蔡明勇, 等. 2013. TRMM卫星降水数据在雅鲁藏布江流域的适用性分析. 自然资源学报, 28(8): 1414-1425.

马鹏飞, 杜军, 杜晓辉. 2016. 近44年藏东南低纬山地降水和气温的气候变化分析. 气候变化研究快报, 5(1): 8-14.

聂宁, 张万昌, 邓财. 2012. 雅鲁藏布江流域 1978—2009 年气候时空变化及未来趋势研究. 冰川冻土, 34(1): 64-71.

王秀娟. 2015. 雅鲁藏布江流域水循环时空变化特性研究. 西藏科技, (7): 8-12.

徐娟. 2017. 近50年云南省怒江、澜沧江流域气象干旱研究. 北京大学学报(自然科学版), 53(5): 964-972.

徐祥德, 陶诗言, 王继志, 等. 2002. 青藏高原—季风水汽输送"大三角扇型"影响域特征与中国区域旱涝异常的关系. 气象学报, 60(3): 257-266.

杨浩, 崔春光, 王晓芳, 等. 2019. 气候变暖背景下雅鲁藏布江流域降水变化研究进展. 暴雨灾害, 38(6): 565-575.

杨逸畴, 高登义, 李渤生. 1987. 雅鲁藏布江下游河谷水汽通道初探. 中国科学 (B辑), (8): 893-902.

杨逸畴, 高登义, 李渤生. 1995. 世界最大峡谷的地理发现和研究进展——雅鲁藏布江大峡谷的考察和探险成果. 地球科学进展, 10(3): 299-303.

杨志刚, 唐小萍, 路红亚, 等. 2013. 近50年雅鲁藏布江流域潜在蒸散量的变化特征. 地理学报, 68(9): 1263-1268.

杨志刚, 卓玛, 路红亚, 等. 2014. 1961—2010年西藏雅鲁藏布江流域降水量变化特征及其对径流的影响分析. 冰川冻土, 36(1): 166-172.

游庆龙, 康世昌, 闫宇平, 等. 2009. 近45年雅鲁藏布江流域极端气候事件趋势分析. 地理学报 64(5): 592-600.

张顺利, 陶诗言. 2001. 雅鲁藏布江流域地–气系统的水平衡. 水科学进展, 12(4): 509-515.

张文霞, 张丽霞, 周天军. 2016. 雅鲁藏布江流域夏季降水的年际变化及其原因. 大气科学, 40(5): 965-980.

张小侠. 2011. 雅鲁藏布江流域关键水文要素时空变化规律研究. 北京: 北京林业大学.

Li B, Zhou W, Zhao Y, et al. 2015. Using the SPEI to assess recent climate change in the Yarlung Zangbo River Basin, South Tibet. Water, 7(10): 5474-5486.

Li H, Li Y, Shen W, et al. 2015. Elevation-dependent vegetation greening of the Yarlung Zangbo River Basin in the Southern Tibetan Plateau, 1999—2013. Remote Sensing, 7(12): 16672-16687.

Li X, Liu L, Li H, et al. 2019. Spatiotemporal soil moisture variations associated with hydro-meteorological factors over the Yarlung Zangbo River basin in Southeast Tibetan Plateau. International Journal of Climatology, 40(1): 1-19.

Liu Z, Yao Z, Huang H, et al. 2014. Land use and climate changes and their impacts on runoff in the Yarlung Zangbo River Basin, China. Land Degradation & Development, 25(3): 203-215.

Sang Y, Singh V, Gong T, et al. 2016. Precipitation variability and response to changing climatic condition in the Yarlung Tsangpo River basin, China. Journal of Geophysical Research: Atmospheres, 121(15): 8820-8831.

Shi Y, Gao X, Zhang D, et al. 2011. Climate change over the Yarlung Zangbo-Brahmaputra River Basin in the 21st century as simulated by a high resolution regional climate model. Quaternary International, 244(2): 159-168.

You Q, Kang S, Wu Y, et al. 2007. Climate change over the Yarlung Zangbo River Basin during 1961—2005. Journal of Geographical Sciences, 17(4): 409-420.

Zhou L, Zou H, Ma S, et al. 2015. The observed impacts of South Asian summer monsoon on the local atmosphere and the near-surface turbulent heat exchange over the Southeast Tibet. Journal of Geophysical Research: Atmospheres, 120(22): 11, 509-511, 518.

第 4 章

雅鲁藏布大峡谷地表能量平衡过程研究

利用位于雅鲁藏布大峡谷入口处、中段、末端的不同高度、典型下垫面的四个观测站点的辐射、湍流观测资料和气象观测资料,分析了大峡谷内地表能量交换的基本特征,获得的主要结论如下:各站点感热、潜热季节转换时间不同;大峡谷各地区地表辐射收支以向下短波辐射和向上长波辐射为主,各辐射分量都具有十分显著的日变化和季节性变化特征。雅鲁藏布大峡谷末端排龙站 5 月和 7 月净辐射峰值明显大于中段丹卡站,可能原因是丹卡站位于大峡谷南面,阴天多,造成向下的总辐射和向上的长波辐射较小;大峡谷内各段地表反照率日变化均呈“U”形,丹卡站和排龙站在 1 月达到最高水平,月平均分别为 0.15、0.18,墨脱站和卡布站在 2 月达到最高水平,月平均分别为 0.22、0.16;各端能量不闭合现象非常明显,闭合率为 55% ~ 76%,夜间闭合率较低,夏季闭合率较高。

山地气象学是指研究地球上山地地区与大气之间、自然环境之间相互作用的一门学科。山地的垂直分布差异是山地气象研究最基本的理论问题。山地是指海拔在 500 m 以上的高地,起伏很大,坡度陡峻,沟谷幽深,一般多呈脉状分布,是一个众多山所在的地域,有别于单一的山或山脉(张妙弟,2016)。山地区域内具有明显的能量、坡面物质的梯度效应,表现为气候、生物、土壤等自然要素的垂直变化,山地是地球陆地表层系统中的一种特殊类型(李国平,2016)。在山地区域,随着海拔的变化,山谷与山顶的各气象要素都存在明显的差异,如太阳辐射、CO_2 和 O_2 的浓度和含量变化、植被土壤类型差异和降水差异等,造成在山地地区的不同位置有不同的特殊山地天气现象。对山地气象的科学研究始于 18 世纪,瑞士物理学家贺拉斯·索绪尔(Horace-Benedict de Saussure)对阿尔卑斯山地区的气象要素进行了系统的观测,计算了当地的大气垂直减温率,其数值与现代观测结论一致,并注意到山地气象要素的日变化,以及地表太阳辐射随海拔升高而增加的现象(钟祥浩,2002)。我国自 1950 ~ 1960 年就开始进行山地气候考察与定位和半定位的气象观测,到 1970 年以后,开始重视山地气候定位观测研究基础上的理论研究(Barry and de Saussure,2010),并在接下来的几十年间,随着野外观测试验次数增多和遥感技术的发展,国内外山地气象的研究都取得不少的重大进展,其中最具代表性的是对青藏高原的研究。青藏高原地势结构复杂,拥有全球最为复杂的垂直自然带结构,其气象要素的梯度变化更为明显,对其研究也就更为深入,此后,不仅在青藏高原地区,也在天山、峨眉山、华山、太行山、云贵高原等地展开研究。

山地是大陆的基本地形之一,尤其是在亚欧大陆和南北美洲大陆分布最多,中国的山地大多分布在西部地区。在山地地区,若只考虑山地地形的热力作用时,大尺度山地中存在由坡风、山谷风和山地 – 平原风组成的山地风系,它们主导山地不同的区域(Chow et al.,2013)。

坡风是由山谷中坡面与其周围空气的昼夜热力差异而形成的滑坡面吹的风,多用于二维结构分析。白天,山谷中坡面接收太阳辐射增温,坡面周围空气受热膨胀,沿坡面上升形成上坡风,同时在坡面上被加热的空气比谷地上同高度的空气温度高,在水平气压梯度力的作用下,沿坡面上升的空气上升到一定高度时,上升空气由坡面流向谷地上空，在谷地上空冷却下沉，下沉到谷地后空气又沿坡面增温上升，形成低层由谷地吹向山坡的谷风环流；在夜间正好相反，日落之后，山谷中坡面接收的太阳辐射减少，地面降温较快，冷空气沿坡面开始下滑到山谷形成下坡风，而同高度谷地上空空气冷却速度较慢，就形成低层由山坡吹向谷地的山风环流。傅抱璞（1983）通过观测分析和计算模型系统地指出，坡风一般出现于日落前的半小时到两小时内，第一次最大强度出现在日落后 1 ～ 2 h，之后风速具有一定的起伏。段德寅和潘良宝（1992）根据这种现象说明坡风这一类的局地环流具有明显的周期振动，它与流体力学中研究的贝纳对流一样，也是一种有序的耗散结构。通过数学分析，段德寅和潘良宝（1992）根据瑞利数和临界瑞利数的表达式得出，山地坡度越大，空气层厚度越大，温度梯度越大，湍流交换越弱，越有利于坡风环流不稳定系统的产生。综上可知，无论是山地边界层内上坡风的形成还是夜间下坡风的形成，都是空气加热不均匀引起的，说明山地对大气具有热力作用。

对山谷风的研究最早始于 19 世纪 50 年代，其是山地气象中最早开展的研究。山谷风的形成机制与坡风类似，是出现在山地及其周围地区具有日周期的一种局地热力环流（Oliver and Fairbridge，2005），多指代整体三维结构，同时考虑了山风－谷风及上坡风－下坡风的作用。将山谷风系统一天分为四个阶段（Zardi and Whiteman，2013），分别为日间阶段、傍晚过渡阶段、夜间阶段和清晨过渡阶段。在实际情况中，当山体周围存在城市、水体、冰雪、植被等复杂下垫面时，山地风系或山谷风环流往往与海陆风、湖陆风、城市热岛、植被风、冰川风环流等中小尺度环流相耦合，共同组成山地环流（田越和苗峻峰，2019）。20 世纪 80 年代，傅抱璞（1980）在之前研究的基础上，对三峡巴东、奉节、万县和涪陵 4 个河谷地区资料进一步分析发现，谷风风速随大气不稳定度增加而增加，山风风速随大气稳定度增加而增加；在冬季一般是山风强于谷风，在夏季是谷风强于山风，山风的强度是冬季大于夏季，谷风的强度是夏季大于冬季；地形高差越大、山坡越陡、地面植被越矮且少、温度日较差越大，山谷风越强；谷风的厚度一般都比山风大，且山坡越缓、地面植被越密且高，山谷风的厚度越大；在谷地中地面山风的速度是沿坡向下增大，并在山坡的下部达到最大值，接近谷底时风速便迅速减弱。谷风的速度最初沿坡向上增大，及至在山坡的上部达到最大值以后才转为向山顶接近而减小。

对于山地地区的污染，山谷风也是影响污染物扩散和输送的重要因子，邱崇践和蒲朝霞（1991）利用一个二维小尺度数值模式，对山谷中高架源排放的污染物输送和扩散过程进行了模拟研究，得出山谷地区污染物的积聚是由于日出前后和日落前后山风和谷风的转换，以及白天山谷上空盛行的是下沉气流，不利于山谷内污染物的扩散。那么就可以推出，当夜间低层盛行山风的时候是有利于山谷内污染物的扩散和输送的。山地边界层对污染物的垂直输送以及与自由大气的物质交换是不利的，山地边界层过程是影响山地大气污染传播的重要过程。

山地－平原风是指在山地与平原接壤的地方，由于山地与周围平原土壤热力性质的差异，白天由平原吹向山地、夜间由山地吹向平原的风，其是山地边界层内山地边缘的热力环流系统。

由于山地地形的复杂性，山地与大气之间也在山地边界层内有着复杂的能量、水汽和物质交换运动。山地地形的形状和面积大小并非均一，气流在流动中遇到山地地形时，必然会对大气产生热力和动力作用。根据山地环流系统的时间和空间的分布差异，一般将山地环流系统分为 3 个等级（Barry，2008）：在大范围的山系中，地转效应产生的行星尺度波动、由山地引起的天气系统尤其是锋面气旋系统的改变，以及小尺度的在重力作用下产生的山脉波动。

大范围山系中产生的行星尺度的波动影响范围广，往往能影响到很远的下游地区。例如，青藏高原和落基山脉由于地形对大气的热力动力作用，产生了行星尺度的东亚大槽和北美大槽。山地产生的山地环流系统对其他地区也有一定的影响。郑庆林等（2001）利用在 CCM3 气候模式基础上发展的一个 CCM3（R15L9）长期预报模式，研究了青藏高原地区热力和动力作用对夏季热带地区的大气环流的影响。结果得出：山地环流系统加速了季节转换过程，有利于增强越赤道气流和南北半球的大气交换作用，还有利于在南海、菲律宾以东海面上热带气旋的形成和发展，以及 140°E 以东热带太平洋地区的东风波动的形成和发展，说明行星尺度的山地环流系统会影响低纬度地区的大气环流。

山地对大气的天气尺度的影响包括动力和热力两个部分：动力作用方面，山地地形使大气气流产生绕流和爬坡；热力作用方面，山地自身对天气系统产生非绝热加热作用。山地与大气之间的能量交换是山地与大气之间的山地热力作用的重要表现。任何下垫面都与大气之间进行着陆–气能量的交换，山地地形具有相当的高度，青藏高原地表达到对流层中层的高度。王顺久等（2018）开展了藏东南地区复杂下垫面地气交换特征研究，揭示了复杂下垫面地气交换的非均匀性；开展了数值模式地气交换参数化方案在藏东南地区的适应性评估，为数值模式适应能力的改进提供了思路；开展了卫星遥感反演技术及产品在藏东南地区的检验订正研究；探索了利用多点观测值综合描述复杂下垫面地气交换特征的转化方法。藏东南地区位于青藏高原东南缘，是典型的山谷地形。唐信英等（2015）和王鸽等（2014）对藏东南地区的复杂下垫面辐射收支特征进行了分析，得出典型晴天和阴天不同下垫面辐射过程均具有明显的日变化特征，其中农田净辐射的日峰值和日均值最大。分析其变化特征对下游的四川、长江中下游地区的天气变化有一定指示意义。

山地地形对锋面系统的移动和生成也有作用，锋面系统遇到山地阻挡时，山地地形会减弱各个气象要素的特征。冷锋在经过山间盆地时会与盆地冷湖相遇，这时冷锋前后的温度差异会减少。在冬季，冷湖可能比锋后冷气团的温度还要低，这时地面观测冷锋过境时反而会显示气温升高（Godske and Bundgaard，1957）。当冷锋被山地遮掩时，气象要素和云系往往不能确定锋线的位置，但锋前降水依然会出现。在山地背风坡最常见的是背风坡气旋，如在青藏高原东侧和阿尔泰山地区就发现了背风坡气旋（张培忠等，1993）。

山地间中小尺度的天气尺度过程包括山脉波动和下坡风，下坡风在世界各地都有发生，是中小尺度气流过山时出现的一个重要的非线性现象，下坡风有暖性和冷性之分，但研究表明不同的下坡风都有相同的动力特征（Smith，1987；李艺苑等，2009）。

山地降水最常见的类型是地形抬升作用产生的降水，山区降水量分布受地形影响很大，迎风坡及喇叭口雨量偏多，不同高度上雨量分布也有差异，但也有对流性的降水，张昊等（2011）利用架设在庐山的 OTT-Parsivel 激光雨滴谱仪收集的一次对流云降水雨滴谱资料，对不同海拔的降水微物理参量进行比较分析，得出庐山地区夏季对流性降水具有时间短、强度大的特点，粒子数浓度、雨强和含水量等微物理参量值普遍较大，雨滴最大直径约为 10mm，相同直径的雨滴，海拔较低处下落末速度较大。夏季山地地区局地性对流性暴雨过程多发生在凌晨和午夜，这与山地环流辐合的时间点是相对应的（陈明等，1995）。当山地走向与背景风向交角较大时，暖湿气流沿坡爬升，使对流旺盛，雨量加大，在迎风坡形成降雨中心（陈明等，1995）。其中，对流性降水有几种特殊情况：第一种特殊情况是背风坡地形抬升触发的对流，当气流经过小范围山地发生绕流并在山后汇合时，水平方向辐合带来的补偿性上升气流也会引发对流性降水，如在青藏高原东侧地区，绕过高原的南部气流和北部气流在东部汇合，产生上升的辐合气流；第二种特殊情况是山地辐射不均匀引起的对流性降水，这种常发生于夏季的午后，会引起局地短时降水和雷暴（Le and Zidek，2006），由于山地具有一定的坡度和高度，山坡随着海拔的升高，太阳辐射增加，山顶受太阳直接照射多的地方增暖引发对流性降水；第三种特殊情况是地形抬升触发对流，山谷间的湿气团被地形强迫抬升，超过自由对流高度后，浮力会使得气团持续上升并产生对流性降水。地形抬升触发的对流有时是孤立的，但有时气团内的对流单体会嵌入层积云中形成更大尺度的对流现象。

本章将利用第二次青藏高原综合科学考察研究 2018 年以来观测的数据，分析藏东南山谷地区地表能量循环特征，揭示该地区地气相互作用过程的规律，为该地区天气气候预报提供一定的理论依据。

讨论山地对大气的作用，首先应计算山地地表与大气之间的热量交换，讨论山地地表对大气的冷源和热源作用，再计算山地地区上空整层大气柱与四周大气之间的热量交换，建立在水汽通道里的涡动相关系统包括感热、潜热、向下短波辐射、向上短波辐射、向下长波辐射和向上长波辐射等，对山谷不同区域的地表能量平衡的分析有助于解释峡谷内风和水汽的变化。

山地对该地区大气边界层风场结构有显著影响。大气边界层与下垫面之间存在水热交换，边界层内水汽的含量和分布、温度的层结影响大气中云的形成，改变辐射并影响大气内部的热力平衡过程（李斐等，2017）。雅鲁藏布大峡谷水汽通道白天流行从南向北的上坡气流，夜间会有从北向南的下坡气流，这种山地典型的局地环流是由山地地形加热引起的气压梯度力决定的（Barry，2008）。

本次科考在水汽通道内的不同海拔、典型下垫面上建立微气象观测系统，研究复杂山地地区的地气水热交换的参数化方法，以提高细网格水汽输送数值模拟的精度。此外，在墨脱站架设近地层的梯度和湍流通量观测系统，这套近地层观测系统将为该区域的水汽输送模拟提供近地面的参数（李斐等，2017）。在墨脱站典型下垫面近地层架设地表湍流通量观测系统，分析高山峡谷地区对垂直大气加热的海拔效应，研究山谷不同海拔加热差异造成的山谷环流对通道内水汽运移的影响。

4.1 雅鲁藏布大峡谷地表能量平衡观测的重要性

雅鲁藏布大峡谷水汽通道白天流行从南向北的上坡气流，夜间流行从北向南的下坡气流。山谷地区的上下坡风会引起水汽等在一些区域聚集，并引发对流甚至降水的产生，而且水汽通道的局地环流对通道内的水汽输送有重要的影响。当前对山地地区局地环流的数值模拟也表明，数值模拟中地形对气流和湿对流均有显著影响。南亚季风输送来的水汽是如何穿越雅鲁藏布大峡谷，从而进入青藏高原腹地是一个未知的研究领域。当前该地区水汽含量变化的控制因子尚未知，其是否受到雅鲁藏布大峡谷地形的地表能量平衡的控制值得深入研究。以往的数值模型是否适用于该地区雅鲁藏布大峡谷的模拟也需要进一步讨论。

研究表明，在"世界屋脊"青藏高原"中空热岛"热力的驱动下，源自低纬度的海洋水汽流爬升过程呈现阶梯式"接力"，以"两阶梯"方式将暖湿气流传至青藏高原，如图 4.1 所示（Xu et al.，2014）。因此，青藏高原热力结构及其温度、湿度等因素变化会对青藏高原水汽输入及其水分循环起着重要作用。

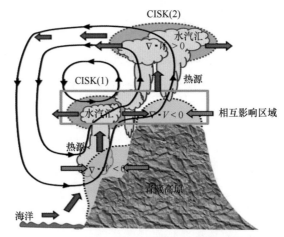

图 4.1 青藏高原视热源与散度、风场相关结构垂直剖面物理图像（Xu et al.，2014）
$\nabla \cdot V < 0$ 表示负散度；$\nabla \cdot V > 0$ 表示正散度

4.2 雅鲁藏布大峡谷地表能量观测网络

本次科考在雅鲁藏布大峡谷的入口处、中段和末端分别架设了 4 部近地层湍流观测系统，具体见图 4.2。这 4 套系统分别由中国科学院青藏高原研究所和中国科学院西北

图 4.2　布设在水汽通道内的陆–气水热交换观测站
用于研究山谷地表加热大气引起的山坡风和山谷风对水汽输送的影响

生态环境资源研究院提供。各站具体位置（表 4.1）的选取综合考虑了水汽来源的方向，尽量减少人类活动对观测信号的干扰，另外考虑了设备的供电和安全，因此选择了相对比较集中的村庄，但又不能受到居民生活的影响。墨脱站在墨脱县气象局的观测场架设近地层湍流观测系统，观测雅鲁藏布大峡谷入口处的三维风场。卡布站的具体仪器架设方案见图 4.3。

表 4.1　地表能量平衡系统观测站经纬度信息

站名	经度（°E）	纬度（°N）	海拔 /m
墨脱站	95.31	29.30	1279
卡布站	95.45	29.47	1421
丹卡站	95.68	29.88	2709
排龙站	95.01	30.04	2042

图 4.3　卡布站的具体仪器架设方案（红色 × 标识）

在东西走向的帕隆藏布大峡谷的丹卡站架设了一套地气能量平衡观测系统，方便今后和南北向的雅鲁藏布大峡谷做对比分析。排龙站（图 4.4）位于雅鲁藏布大峡谷南北向东西拐弯的地方，而且从下游来的水汽在此分叉，水汽向西、向西北和向东输送分别进入雅鲁藏布大峡谷上游、易贡藏布大峡谷和帕隆藏布大峡谷，所以该观测站为水汽通道的一个关键区，而且周围四个方位的山峰上均有常年积雪和冰川，说明水汽在此地被周围的几个山峰阻挡并形成了上坡风，从而引发了水汽在山峰上凝结并以降雪的形式供给山峰上的冰雪物质平衡。排龙站架设了地气能量平衡观测系统。

图 4.4　排龙站（红色 × 标识）的仪器架设方案

雅鲁藏布大峡谷以峡谷山地为主要特征，显著区别于青藏高原内陆地区，很难寻找到常规的地表湍流通量要求的平坦均一的下垫面，在考察期间只能选择一些相对开阔的地点架设观测仪器（图 4.5）。

4.3　雅鲁藏布大峡谷地表能量平衡观测考察结果

以往大型的青藏高原陆 – 气综合观测试验主要集中在平坦下垫面，或者在青藏高原的中部，本次科考建立了一个复杂山地的综合观测系统，研究雅鲁藏布大峡谷内陆 – 气交换的水热传输微气象学参数，观测了山谷地形底部边界层湍流结构及其日变化，利用在雅鲁藏布大峡谷入口处、中段、末端设置的多个站点，结合边界层综合观测站（探空、廓线仪、地表观测）对该资料进行综合分析，结合再分析资料，分析了大峡谷水汽输送变化。该项工作是 2018 年科考的重点，目前已经完成雅鲁藏布大峡谷不同区域地表能量观测系统的布设。图 4.6 ～图 4.9 列出墨脱站、排龙站、卡布站和西让站获得的一部分气象要素和地表能量的日变化情况。几个站的观测资料揭示了雅鲁藏布大峡谷山谷内地气相互作用及其日变化特征，青藏高原季风来临前，地表以感热通量为主 [图 4.6(e)、图 4.7(e)、图 4.8(e)]，5 月夏季风来临后随着空气相对湿度的增加 [图 4.6(c)、图 4.7(c)、图 4.8(c)]，潜热通量明显增加 [图 4.6(f)、图 4.7(f)、

图 4.5　2018 年雅鲁藏布大峡谷水汽通道科考分队安装的地表能量平衡系统和自动气象站

图 4.8(f)]。

通过对 2018 年 12 月至次年 7 月的气象要素观测，可以看出墨脱站在 2 月下旬到 6 月下旬 16：00 ～ 20：00 时段风速达到一天中最大，凌晨至午间风速很小，基本为 0，风速具有明显的日变化。12 月至次年 2 月中上旬风速在凌晨达到最大值，最大风速小于 3 ～ 7 月的最大风速，日间风速变小，夜间风速增大，具有明显的日变化特征。日最大风速值有一个增大的过程，最值出现在 4 月中旬（约 4m/s），最大风速值出现的时间也由凌晨转至傍晚。

风向也有明显的日变化特征，12 月至次年 1 月多偏南风，12：00 左右出现偏西风，在 16：00 出现偏北风，但 1 月北风相对较少。2 ～ 7 月，偏北风和偏东风频数逐渐增多，风速逐渐增大，多出现于每日 12：00 ～ 20：00，偏西风和偏南风多出现于凌晨 4：00 至日间 12：00。综合风向、风速的变化可以得出，风向和风速都具有明显的日变化特征，

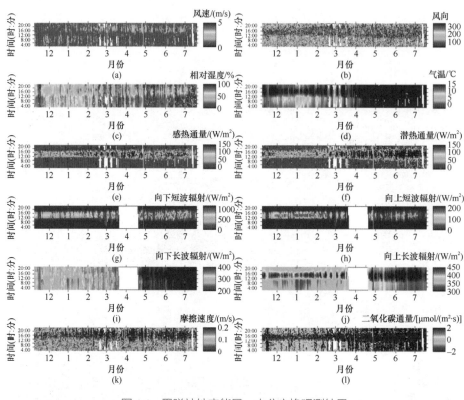

图 4.6　墨脱站地表能量、水分交换观测结果

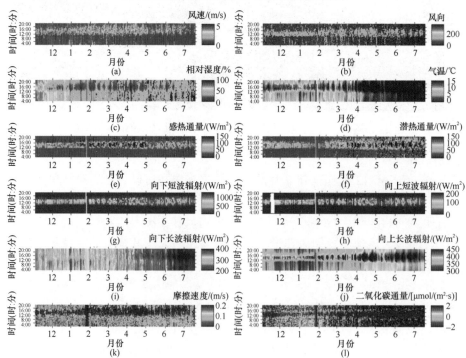

图 4.7　排龙站地表能量、水分交换观测结果

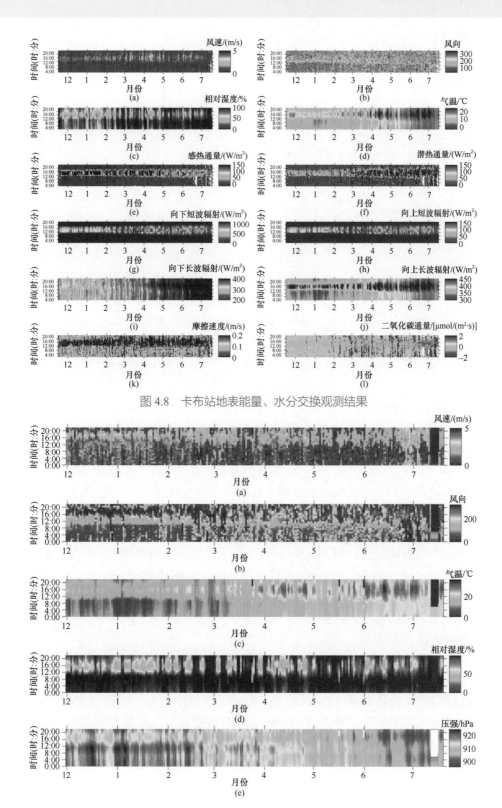

图 4.8　卡布站地表能量、水分交换观测结果

图 4.9　西让站风场等观测结果

12月至次年1月间，夜间风速大于日间，夜间盛行西南风，16：00左右会出现弱偏北风。2～7月，偏北风和偏东风增多，风速增大，且日间的偏北风和偏东风风速大于夜间的偏西风和偏南风。

图4.6～图4.8中的(c)显示，相对湿度总体呈现一个夜间大于日间，从小增大的特征，5～7月相对湿度很高，夜间基本维持在100%，最小值是出现于每日的16：00左右。1月和2月16：00左右相对湿度最小，只有30%左右。

由图4.6～图4.8中的(d)显示的气温的变化可知，12月到次年3月，日间气温高于夜间，16：00气温为日间最高，约为15℃，于8：00气温达到最低值5℃左右，气温有明显的日变化过程，日间升高夜间降低，这与接收太阳辐射的多少是相符合的。4～7月，墨脱站整日气温均维持于15℃或以上。在4月上旬，夜间气温上升速率较快。

从图4.6～图4.8中的(e)可以看出，12月到次年7月，结合气温的变化，从感热通量的变化可得，感热通量的最大值出现于日间气温最高的时间点16：00前后，此时由气温变化引起的下垫面与大气间的热交换达到最大，最大至少可达150 W/m²。12月至次年7月，感热通量最大值有一个增加的趋势，5月中旬有一个弱的降低趋势，日间感热通量的输送时间也由16：00前后扩展为12：00～16：00，其他时间的感热通量的输送非常小。

由图4.6～图4.8中的(f)可见，潜热通量有一个明显的日变化特征，在每日的16：00前后达到最大值，这与水汽含量有关。结合相对湿度和气温变化可知，3～7月的相对湿度和气温是较高的，即水汽含量高，气温较高，大气和下垫面间水分的热交换也较多，故其潜热通量大于12月至次年2月。所以，潜热通量在2月下旬达到最小值，之后逐渐增加至更大值，6月和7月潜热通量输送更强，日间潜热通量输送更活跃。

图4.6～图4.8中的(g)为向下短波辐射，(h)为向上短波辐射，其中墨脱站3月下旬至4月下旬为缺测值。向下短波辐射在12月至次年7月整体呈一个增长的趋势，在每日的12：00～16：00达到一天中最大，之后减小再增大，在6月中旬达到最大，向下短波辐射可达1000 W/m²。向上短波辐射和向下短波辐射变化相反，总体呈一个减小的趋势，但值远比向下短波辐射小，最大值仅为200 W/m²，出现在2月中旬，约是向下短波辐射最大值的1/5。

图4.6～图4.8中的(i)为向下长波辐射，(j)为向上长波辐射，墨脱站3月下旬至4月下旬为缺测值。向下长波辐射整体呈增加趋势，1月达到最低，约为250 W/m²，然后逐渐增大，7月达到400 W/m²。向下长波辐射日变化在12月至次年2月具有夜间低日间相对较高的特征，但在3月和5～7月日变化不太明显。向上长波辐射日变化在16：00前后达到一天中的最大值，约为450 W/m²，12月至次年7月，向上长波辐射整体强度逐渐增加，夜间向上长波辐射强度最低，接近300。5～7月向上长波辐射强度明显增大，日间夜间的辐射强度都可达400 W/m²，12：00～20：00强度均达450 W/m²，日变化特征较12月至次年3月日变化特征更弱。

4.3.1　雅鲁藏布大峡谷地区地表湍流通量的变化特征

图 4.10 给出了丹卡站、排龙站、墨脱站和卡布站 2018 年 11 月～2019 年 7 月热通量各月平均日变化。从图 4.10 中可以看出，各月感热通量与潜热通量日变化均呈单峰结构。日出后，随着太阳辐射对地表加热，丹卡站地区在 8：30 左右感热通量开始增加，排龙站在 9：00 左右感热通量开始增加，而墨脱站和卡布站在 9：30 左右感热通量开始增加。感热通量为正值，表示地表以感热向大气中输送热量，丹卡站和排龙站均于 14：00 左右出现峰值，而墨脱站和卡布站在 14：30 左右出现峰值，之后开始逐渐减少。在日落后，因为地表辐射开始冷却，丹卡站和排龙站在 18：30 分左右、墨脱站和卡布站在 19：00 左右感热通量变成负值，表示大气向地表输送热量。潜热通量全天为正值，表明能量从地面传递到大气。

丹卡站从 11 月到次年 4 月潜热通量较小，热通量中以感热通量占主导。潜热通量从 3 月开始增加，在 5 月时潜热通量大于感热通量，热通量中开始转为潜热通量占

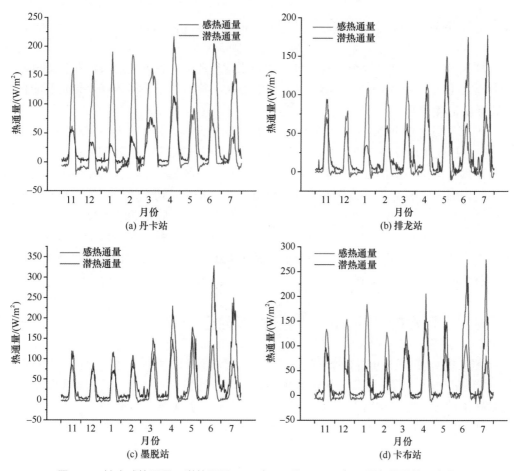

图 4.10　地表感热通量、潜热通量 2018 年 11 月～2019 年 7 月各月平均日变化

主导。感热通量最大可达 216.8 W/m²，在 4 月出现。潜热通量最大出现在 6 月，可达 204.8 W/m²。排龙站在 12 月到次年 3 月感热通量远高于潜热通量，热通量中以感热通量占主导。进入 4 月潜热通量骤增，4～5 月感热通量和潜热通量近似。6～7 月潜热通量远高于感热通量，热通量中转为潜热通量占主导。感热通量最大可达 149.1 W/m²，在 5 月出现。潜热通量最大出现在 7 月，可达 177.7 W/m²。丹卡站的感热通量与同时期的排龙站相比均略高。墨脱站在 12 月至次年 1 月是感热通量略高，2～3 月感热通量与潜热通量近似，而进入 4 月潜热通量骤增，热通量中转为潜热通量占主导。感热通量瞬时值最大可达 423.5 W/m²，在 5 月出现。潜热通量瞬时值最大出现在 6 月，可达 656.9 W/m²。卡布站在 11 月到次年 3 月均是感热通量大于潜热通量。和墨脱站一样，进入 4 月潜热通量骤增，热通量中转为潜热通量占主导。感热通量瞬时值最大可达 353.5 W/m²，在 1 月出现。潜热通量瞬时值最大出现在 6 月，可达 480.3 W/m²。11 月至次年 4 月，丹卡站的感热通量峰通量值明显高于其余 3 站，墨脱站和卡布站感热通量都维持在较低的水平上，峰值较为接近。而进入雨季时，墨脱站和卡布站潜热通量会高于其他两站，维持在较高的水平。

4.3.2 雅鲁藏布大峡谷地区地表辐射收支特征

图 4.11 给出了地表辐射平衡各分量的月平均日变化，各地区地表辐射收支以向下短波辐射（R_{SW-IN}）和向上长波辐射（R_{LW-OUT}）为主，各辐射分量都具有十分显著的日变化特征，也具有季节性变化。

地表反照率是影响地表能量收支的一个主要因子，图 4.12 给出了各站地表反照率的月平均日变化。日变化均呈"U"形，即日出后和日落前较大，日间较小，但在日出后和日落前的值并不相等。除此之外，在日出和日落前后太阳高度角较小时，地表反照率变化幅度较大，但当太阳高度角上升到一定水平后，地表反照率几乎不变。但当太阳高度角上升到一定水平后，地表反照率几乎不变。墨脱站的地表反照率季节变化较大，1 月份的反照率最大，3 月份反照率最小，卡布站、排龙站、丹卡站的地表反照率季节变化不大，墨脱站白天最小反照率接近 0.07，卡布站白天最小反照率为 0.11，丹卡白天最小反照率为 0.105。

4.3.3 雅鲁藏布大峡谷地区地表能量平衡闭合分析

图 4.13～图 4.15 分别对丹卡站、排龙站、墨脱站和卡布站全天、日间以及夜间的地表能量平衡闭合程度进行分析，发现各站不闭合现象非常明显，日间和夜间的地表能量平衡闭合程度差异很大。丹卡站下垫面为草地，排龙站是砂石与草地。丹卡站全天、日间及夜间的地表能量平衡闭合程度分别为 68.8%、69.2% 和 57.3%，排龙站全天、日间及夜间的地表能量平衡闭合程度分别为 68.1%、68.3% 和 61.0%，墨脱站全天、日间及夜间的地表能量平衡闭合程度分别为 67.5%、69.0% 和 47.9%，卡布站全天、日间

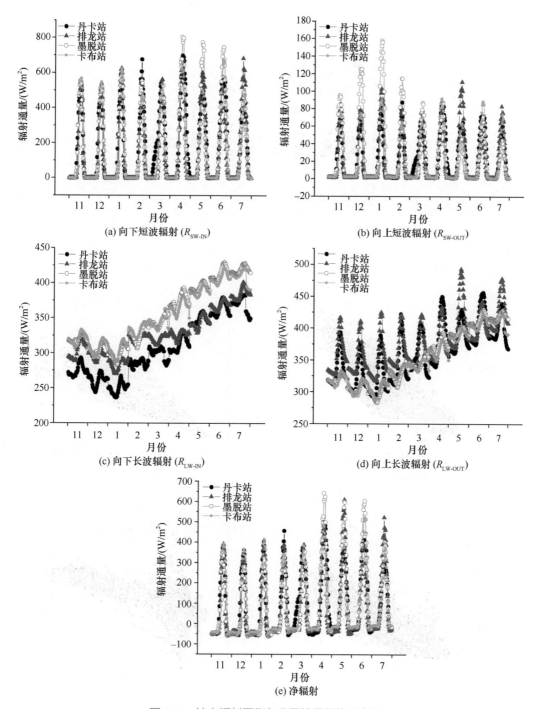

图 4.11　地表辐射平衡各分量的月平均日变化

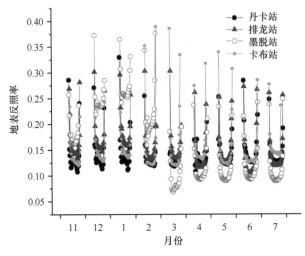

图 4.12　地表反照率的月平均日变化

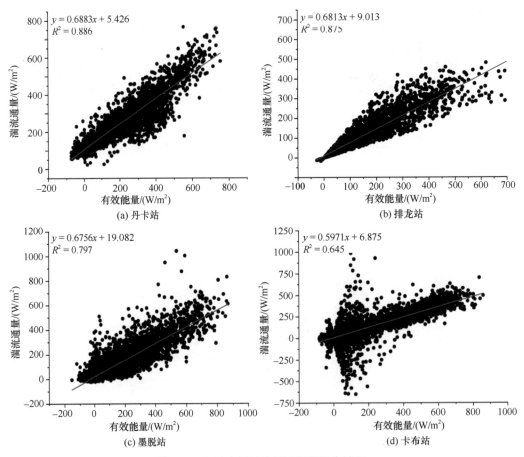

(a) 丹卡站

(b) 排龙站

(c) 墨脱站

(d) 卡布站

图 4.13　各站全天地表能量平衡闭合特征

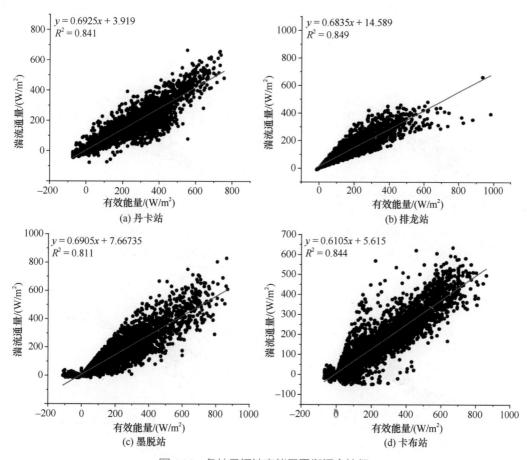

图 4.14　各站日间地表能量平衡闭合特征

及夜间的地表能量平衡闭合程度分别为 59.7%、61.0% 和 50.3%。各站的夜间地表能量平衡闭合率都较低，存在较高的地表能量平衡不闭合，主要原因是夜间大气层结稳定，有时会产生逆温现象，垂直方向的湍流交换弱且摩擦风速较低，抑制了垂直方向湍流的交换。

表 4.2 列出 4 站冬、春、夏季地表能量平衡闭合率，各站地表能量平衡闭合率变化近似，均在冬季较小，除丹卡站外均小于 65%，在夏季较大，除卡布站外均大于70%。由于夏季空气与地表之间有着强烈的热量输送，感热通量和土壤热通量均高于冬季，夏季有着多雨天气，潜热通量较高。因此，忽略的能量项在地表能量平衡中所占比重较小，故夏季地表能量平衡闭合率高。

表 4.2　各站冬、春、夏季地表能量平衡闭合率　　（单位：%）

季节	丹卡站	排龙站	墨脱站	卡布站
冬季	65.4	57.2	55.8	56.2
春季	72.9	69.5	68.7	59.9
夏季	75.8	73.8	73.6	63.0

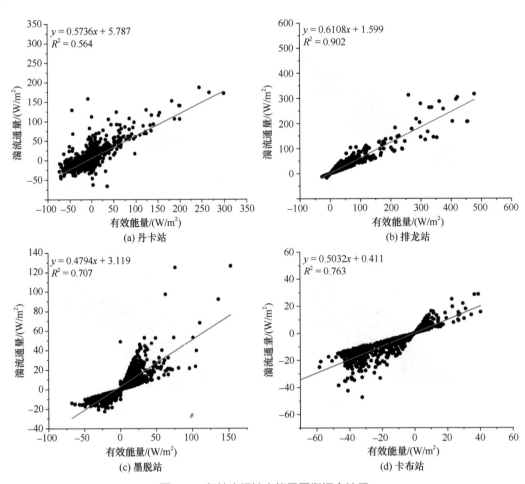

图 4.15　各站夜间地表能量平衡闭合特征

利用第二次青藏高原综合科学考察研究 2018 年雅鲁藏布大峡谷水汽通道的观测资料，得到的主要结论如下：

（1）各月感热通量与潜热通量日变化均呈单峰结构；各站感热、潜热通量季节转换时间不同，丹卡站在 11 月到次年 4 月潜热通量较小，热通量中以感热通量占主导，排龙和卡布站在 12 月到次年 3 月感热通量远高于潜热通量，热通量中以感热通量占主导。墨脱站 11 月、12 月潜热通量较小，热通量中以感热通量占主导。

（2）各地区地表辐射收支以向下短波辐射和向上长波辐射为主，各辐射分量都具有十分显著的日变化特征，也具有季节性变化。

（3）各站地表反照率日变化均呈"U"形。与卡布站、排龙站、丹卡站相比，墨脱站地表反照率季节变化较大。排龙站的地表反照率略大于其他三个站，墨脱站地表反照率最小。

（4）各站地表能量平衡不闭合现象非常明显，夜间闭合率较低，夏季闭合率较高。

参考文献

陈明, 傅抱璞, 于强. 1995. 山区地形对暴雨的影响. 地理学报, 50(3): 256-263.

段德寅, 潘良宝. 1992. 坡风热力不稳定条件的讨论. 地理研究, 11(3): 12-15.

傅抱璞. 1980. 山谷风. 气象科学, 1: 1-14.

傅抱璞. 1983. 山地气候(第1版). 北京: 科学出版社.

高登义, 邹捍, 周立波, 等. 2003. 中国山地环境气象研究进展. 大气科学, 27(4): 567-590.

蒋兴文, 李跃清, 王鑫, 等. 2009. 青藏高原东部及下游地区冬季边界层的观测分析. 高原气象, 28(4): 754-762.

李斐, 邹捍, 周立波, 等. 2017. WRF模式中边界层参数化方案在藏东南复杂下垫面适用性研究. 高原气象, 36(2): 340-357.

李国平. 2016. 近25年来中国山地气象研究进展. 气象科技进展, 6(3): 115-122.

李艺苑, 王东海, 王斌. 2009. 中小尺度过山气流的动力问题研究. 自然科学通报, 19(3): 310-324.

邱崇践, 蒲朝霞. 1991. 山谷风环流控制下的大气污染物输送和扩散过程: 二维数值模拟研究. 高原气象, 10(4): 362-370.

唐信英, 韩琳, 王鸽, 等. 2015. 藏东南地区复杂下垫面辐射收支特征分析. 冰川冻土, 37(4): 924-930.

田越, 苗峻峰. 2019. 中国地区山谷风研究进展. 气象科技, 47(1): 41-51.

王鸽, 韩琳, 唐信英, 等. 2014. 藏东南地区复杂下垫面能量收支特征分析. 高原山地气象研究, 34(4): 44-47.

王顺久, 唐信英, 王鸽, 等. 2018. 藏东南地区复杂下垫面地气交换观测试验研究. 干旱区资源与环境, 32(2): 149-154.

张昊, 濮江平, 李靖, 等. 2011. 庐山地区不同海拔高度降水雨滴谱特征分析. 气象与减灾研究, 34(2): 43-50.

张妙弟. 2016. 中国国家地理百科全书. 北京: 北京联合出版公司.

张培忠, 陈受钧, 白岐凤. 1993. 阿尔泰背风坡气旋的气候特征. 气象, 19(3): 3-12.

郑庆林, 王三杉, 张朝林. 2001. 青藏高原动力和热力作用对热带大气环流影响的数值研究. 高原气象, 20(1): 14-21.

钟祥浩. 2002. 20年来我国山地研究回顾与新世纪展望——纪念《山地学报》(原《山地研究》)创刊20周年. 山地学报, 20(6): 646-659.

Barry R G. 2008. Mountain Weather and Climate. 3rd ed. New York: Cambridge University Press.

Barry R G, de Saussure H. 2010. The first mountain meteorologist. Bulletin of the American Meteorological Society, 59: 702-705.

Chow F, Wekker D, Snyder B J. 2013. Mountain Weather Research and Forecasting. New York: Springer.

Godske C, Bundgaard R. 1957. Physical sciences: dynamic meteorology and weather forecasting. Science, 125: 829-830.

Le N D, Zidek J V. 2006. Statistical Analysis of Environmental Space-Time Processes. New York: Springer.

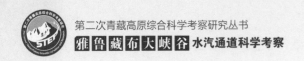

Oliver E, Fairbridge W. 2005. Mountain and Valley Winds. Dordrecht: Springer Netherlands.

Rotach W, Stiperski I, Fuhrer O, et al. 2017. Investigating exchange processes over complex topography: the Innsbruck Box (i-Box). Bulletin of the American Meteorological Society, 98(4): 787-805.

Smith R. 1987. Aerial observations of the Yugoslavian bora. Journal of the Atmospheric Sciences, 44(2): 269-297.

Xu X, Zhao T, Lu C, et al. 2014. An important mechanism sustaining the atmospheric "water tower" over the Tibetan Plateau. Atmospheric Chemistry and Physics, 14(20): 11287-11295.

Zardi D, Whiteman C D. 2013. Diurnal mountain wind systems//Chow F K, De Wekker S F J, Snyder B J. Mountain Weather Research and Forecasting. Dordrecht: Springer Netherlands: 35-119.

第5章

雅鲁藏布大峡谷水汽输送空间分布的考察

本章将介绍水汽来源的诊断方法和水汽输送的计算方案，论述青藏高原水汽"源－汇"的结构，分析雅鲁藏布大峡谷水汽输送及其变化趋势，剖析雅鲁藏布大峡谷水汽输送减弱的原因，从而为雅鲁藏布大峡谷水汽输送空间考察提供理论依据。得到的主要结论如下：①青藏高原上星罗棋布的冰川、积雪和湖泊储存着大量"水资源"，其在某种程度上可起到"水塔储存池"效应。青藏高原上河流水网作为连接青藏高原水塔功能的"输水管道"，通过青藏高原上层大气水分输送的渠道，影响整个世界的水环境；青藏高原南坡水汽输送关键通道位于青藏高原藏东南部，即雅鲁藏布大峡谷墨脱处。②输送到青藏高原水汽的"蒸发性"源区主要来自三个区域，即阿拉伯海向南至低纬热带印度洋（甚至穿越赤道地区）的一个狭窄区域、青藏高原西北部和孟加拉湾。第一个水汽源区贡献最大，其余两个水汽源区贡献相对较小。③青藏高原上整层大气源－汇主要受强大的亚洲反气旋控制，在反气旋的控制下，其进入青藏高原上空后分别向低纬印度洋和西北太平洋输送。一部分大气可以进入热带平流层，表明青藏高原对全球平流层大气成分分布有影响。④夏季雅鲁藏布江流域是水汽辐合区，降水大于蒸发；秋末到次年春季，流域整体是水汽辐散区，蒸发大于降水。⑤雅鲁藏布江流域是青藏高原水汽输送最主要的通道之一，夏季最强，秋季减弱，冬春则消失。夏季海拔相对较低的雅鲁藏布江流域是水汽含量的高值区，在雅鲁藏布江大拐弯附近形成青藏高原雨季的降水中心。⑥水汽输送和卫星观测的地表水的变化表明，南亚季风的减弱造成南部水汽向雅鲁藏布大峡谷地区经向水汽输送的减弱，从而导致该地区降水减少。

青藏高原水汽的变化能引起云覆盖的变化，进而影响到近地层的气温、水汽和云量，青藏高原云量和气温成反比（Bao et al.，2019），因此对青藏高原的水汽研究具有重要意义。雅鲁藏布大峡谷水汽通道是雅鲁藏布江流域的水汽辐合中心，雅鲁藏布江流域平均的水汽辐合约为 9.5 mm/d，水汽辐合转换成降水的效率是 61%，该地区的水汽辐合主要来自风场辐合与地形坡度的贡献（张文霞等，2016）。图 5.1 为 FY-2F 卫星遥感

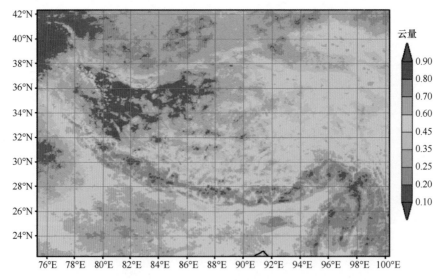

图 5.1　2008 年 7 月（06：00UT）云量分布特征（Xu et al.，2014）

云量分布场，青藏高原南坡沿雅鲁藏布江流域为云量覆盖度呈带状的高值区，恰与青藏高原南坡陡峭边缘结构相吻合，充分揭示出青藏高原的热源驱动了来自低纬度的暖湿气流沿雅鲁藏布江下游爬升，造成了雅鲁藏布大峡谷河谷地形云降水。本章将主要就雅鲁藏布大峡谷地区的水汽输送时空变化进行分析。

5.1　水汽来源的诊断方法

用于研究水汽来源的不同方法有各自的优缺点，分析模型（analytical model）需要做一些简化的假设，同位素法得到的数据易受信号敏感性的影响，拉格朗日方法对云过程考虑较少，数值敏感性试验受到非线性的影响。欧拉大气水汽跟踪模型可以定量化区分降水水汽来源区域。通常用拉格朗日粒子追踪方法（Lagrangian particle tracking method）追溯一个地区水汽或者降水的来源，典型模型如弹性粒子（flexible particle dispersion，FLEXPART）模型、大气环流模型、传统欧拉方法（conventional Eulerian method）等。传统欧拉方法确定水汽来源的缺点是不能够跟踪水汽来源区域到降水的目标区域，即不能反向或后向跟踪，当要建立"源和汇"的关系时比较难。而拉格朗日粒子追踪方法利用数值方法模拟跟踪空气微团的路径、随时间变化的位置、相对湿度等，FLEXPART 就是这类模型，近年来该模型在大气水分循环研究中得到了大量应用。水汽追踪模型需要的存储空间和计算量比较大，高时空分辨率的水汽模拟还不能实现，所以目前大部分研究做的模拟都不超过 10 天。一些数值模拟的敏感性试验可以帮助定量化水汽源输送的水汽对一个地区总降水量的影响。

FLEXPART 模型已经被广泛应用到污染物的传输、水汽传输、放射性物质的远距离传输等研究中。最新的 FLEXPART 模型还加入了大气湍流和对流的参数化方案，以模拟这两个过程对水汽等跟踪物质的影响。在做 FLEXPART 模拟时，一般在所研究的区域整层大气柱里均匀分配几百万个粒子到各层大气中，从而模拟这些粒子的运动轨迹，每单个步长约为几个小时，根据情况设定，每个步长模型输出粒子的位置（经、纬度和高度信息），粒子所在位置的温度、湿度、密度和边界层高度等，沿着轨迹水汽粒子的变化可用下式表示：

$$E - P = m \frac{\mathrm{d}q}{\mathrm{d}t}$$

式中，E 为空气柱对应的地面的蒸发量；P 为空气柱内降落到地面的降水量；m 为粒子的质量；q 为粒子的湿度；t 为时间。一个空气柱中所有粒子 $E-P$ 的和就是这个空气柱中的 $E-P$，粒子的轨迹由输入的气象数据决定，因此这个模型的精度受到粒子轨迹模拟准确性的影响较大，由于湿度的时间变化被用来计算水汽通量，因此该模型的精度与湿度、风随时间变化的精度紧密相关。$E–P$ 为正的区域表示该空气柱变湿且该空气柱里的粒子有净水汽含量的增加，而 $E–P$ 为负的区域意味着该区域的粒子会损失部分水汽且空气柱变干。因此，该计算方法受到 E 和 P 准确度的影响很大，而当前青藏高原地区数值模拟的 E 和 P 还存在很大的不确定性。

在利用 FLEXPART 等模型跟踪水汽的源和汇时，一般都需要 4D 的大气驱动数据，如 NCEP/GFS、ERA-Interim 等。跟踪水汽来源的研究常常结合降水事件进行，分析与夏季降水事件相关的水汽来源，或者分析冬季和夏季水汽来源的不同，或者对水汽的源和汇做长期统计性分析，今后可以对藏东南的典型降水和与水汽输送的关系做分析。

水汽同位素的观测可以提供分析水汽来源的资料，其已被广泛应用到跟踪气候和水循环的物理过程研究中，常用的技术为热红外激光光谱仪测量，水汽主要分布在对流层下部的大气边界层内，伴随着全球升温，大气中的水汽混合比会升高，并引发更多的灾害性天气，因此对水汽变化的定量化研究和对引起水汽变化的过程分析是目前水循环急需解决的一个关键问题。水汽同位素的比值受到水汽相态变化和凝结过程的影响，另外同位素比值还受到水汽相态转换阶段大气环境的影响，如温度、湿度、湍流强度等，结合同位素的拉格朗日跟踪模型可以给出一个地区降水的可能水汽来源。近年来，新发展的技术可以观测从秒到小时同位素的变化，这些高频率观测资料可以诊断水汽传播路径、植被蒸腾与土壤蒸发的比例、对流混合强度等。

对于水汽的传输途径通常的研究方法有卫星遥感的立体观测、降水同位素法、敏感性数值模拟和后向跟踪法等。今后应加强利用这些方法研究青藏高原水汽向其他大气的传输，尤其应该注意青藏高原水汽输送对我国东部天气的影响。

5.2 青藏高原的水汽来源

研究表明，青藏高原的大地形构成了庞大的热力、动力强迫源，其构造了跨半球尺度的平均垂直经圈和纬圈环流（图 5.2）。青藏高原南侧呈现显著的南–北向跨半球尺度的经圈环流，该环流圈在跨半球尺度能量、水分循环的交换、输送过程中起着关

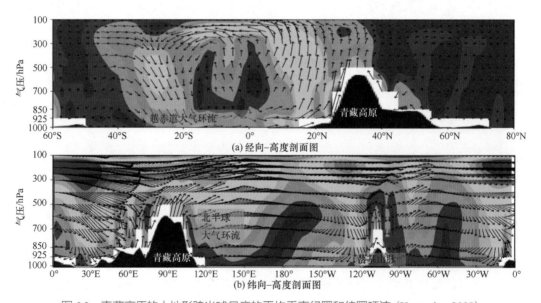

图 5.2 青藏高原的大地形跨半球尺度的平均垂直经圈和纬圈环流（Xu et al., 2008）

键作用（Xu et al.，2008）。青藏高原对应跨南北半球与东西半球的行星尺度环流，当海洋暖湿气流到达青藏高原时，这些气流部分沿青藏高原南坡爬升，并导致频繁的对流活动（徐祥德等，2004）。青藏高原的"感热泵"（吴国雄和张永生，1998）的作用，造成了青藏高原周围的大气向青藏高原上空聚集，从而把来自海洋的水汽源源不断地输送到青藏高原上空（Xu et al.，2008），大气中的水汽又以固态和液态形态降落到青藏高原，青藏高原各种形态的大气降水补入，构建了青藏高原的冰川、河流、湖泊和土壤等的水平衡。Xu 等（2008）从青藏高原对全球海洋－大气－陆地－水文过程特殊的相互作用的视角，提出了青藏高原大气水分循环结构类似于全球性大气"水塔"的观念，认为青藏高原大气通过全球尺度水分循环可维持一个持续"供水源"与"储存水"的水循环系统。"世界屋脊"青藏高原上星罗棋布的冰川、积雪和湖泊储存着大量"水资源"，某种程度可起到"水塔储存池"的效应；青藏高原上河流水网亦可作为连接青藏高原"水塔"功能的"输水管道"，通过青藏高原上层大气水分输送的渠道，影响整个世界的水环境，由此设计了"亚洲水塔"及其海－陆－气水循环结构示意图（图5.3）。青藏高原大气通过全球尺度水分循环可维持一个持续的水循环系统，形成了青藏高原陆地圈层丰富多彩的水资源分布，而周围向青藏高原输送的水汽对青藏高原大气水含量和降水的作用及其变化仍存在着很多值得深思的不确定性问题。

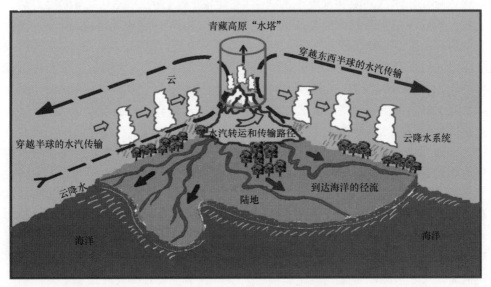

图 5.3　"亚洲水塔"及其海－陆－气水循环结构示意图（Xu et al.，2008）

青藏高原陆地圈层水资源（包含河流、湖泊、冰川、冻土里的水等）总量的变化受到大气圈输送到青藏高原的水汽量的重要影响。受全球气候变化影响，青藏高原上空的大气环流也发生了调整。例如，研究发现，青藏高原周围西风带和南亚季风的变化（Yao et al.，2012），导致青藏高原大气水分循环也在发生变化（Pan et al.，2018）。青藏高原内部局地水循环涉及的一个重要因素是大气水含量，它的变化对局地水循环的变化有重要影响，气候变暖背景下青藏高原升温效应使得大气中水含量增加（Lu et al., 2015), 而青藏高原的冷热变化也会影响四周向青藏高原的水汽输送, 在全球变化背景下, 青藏高原大气水含量经历了和即将经历什么样的变化目前还未知。因此, 加大青藏高原四周向青藏高原输送水汽的研究, 对评估青藏高原降水的变化具有重要意义。此外, 青藏高原的"水补给"变化研究目前还是空白 (Xu et al., 2014), 这也是该地区未来水资源的调控和利用需要优先解决的科学问题。

输送到青藏高原的水汽与青藏高原及其周边大尺度环流有紧密的联系, 尤其是由印度夏季风产生的向青藏高原的西南气流对青藏高原的水汽贡献比较显著 (Chen et al., 2012)。当前对于被称为"亚洲水塔"的青藏高原这一区域的水汽来源和水汽去向还没有完全搞清楚。一些诊断结果认为, 青藏高原大气热源是对流层和平流层水汽交换年代际变化的主要原因 (Zhan and Li, 2008)。定量化青藏高原的水汽来源应是今后需要加强的研究方向。目前, 青藏高原的水汽来源定量化还不能做到, Pan 等 (2018) 研究认为, 青藏高原南部和青藏高原北部的水汽来源是不同的, 非洲、青藏高原和印度是青藏高原南部冬季的主要水汽来源, 这几个区域贡献了 50% 的水汽; 夏季热带印度洋为青藏高原南部贡献了 28.5% 的水汽, 并且是最主要的水汽来源; 夏季非洲贡献了青藏高原北部 19% 的水汽量, 青藏高原自身贡献了 25.8%, 青藏高原水汽来源对水汽贡献的比重与其对青藏高原降水的贡献比重比较接近。拉格朗日方法也广泛应用到定量化青藏高原水汽来源和水汽汇的研究中。Chen 等 (2012) 认为, 印度次大陆和阿拉伯海、印度洋是青藏高原最主要的水汽来源地。Sun 和 Wang (2014) 认为, 青藏高原东部的降水水汽来源是欧亚大陆, 海洋也是重要来源。Zhang 等 (2017) 认为, 欧亚大陆的蒸发为青藏高原中西部的年降水提供了 69% 的水汽来源, 要远大于海洋贡献的 21% 的比重。Curio 等 (2015) 计算了向青藏高原输送的水汽通量, 认为青藏高原 40% 的降水的水汽来源于外部, 剩余的 60% 来自局地的水循环。Wang 等 (2017) 认为, 青藏高原南部夏季降水的年变化受外来水汽传输的影响, 但局地蒸发也起了不可忽视的作用。Yang 等 (2006) 利用氧同位素研究发现, 青藏高原中部和北部的夏季降水主要由局地蒸发决定。Yao 等 (2013) 认为, 洲际的水循环是青藏高原重要的水汽来源, 印度洋是夏季最重要的水汽来源。Sun 和 Wang (2014) 认为, 欧亚大陆的北部和西部是青藏高原东部降水的主要水汽来源地, 而来自海洋的水汽在输送路径上损失了很多, 从而对青藏高原东部的水汽贡献较小。Chen 等 (2012) 认为, 对于水汽传输时间短于 4 天的事件, 青藏高原的主要水汽来源是三个地区: 青藏高原的西北部、孟加拉湾和阿拉伯海, 三个区域的贡献比重比较接近, 但是对于更长时间尺度来说, 阿拉伯海的水汽来源贡献显著增加, 而其他两个水汽来源的贡献快速减少, 穿越印度洋到达阿拉伯海和青藏高原的狭长水汽带对青藏高原水汽的影响比其他两个区域更重要。水汽向青藏高原输送时会受到青藏高原地形的阻挡作用, 动力强迫引起的上升运动造成的水汽凝结释放到地表, Simmonds 等 (1999) 认为, 主要有三个向青藏高原输送水汽的路径: ①阿拉伯海和孟加拉湾; ②南中国海; ③西风带。Pan 等 (2018) 分析认为, 非洲、青藏高原本身和印度是冬季青藏高原南部的主要水汽来源, 青藏高原北部的冬季降水则主要来源于非洲, 而在夏季印度洋为青藏高原南部提供了 28.5% 的水汽, 是青藏高原主要的水汽来源。Dong 等（2016）认为，印度中部和东部的水汽被垂直对流输送到其上空，再被对流层中层的环流传输到青藏高原西南部，该水汽输送贡献了青藏高原西南部夏季降水的近 50%。Chen 等（2012）认为，印度次大陆、阿拉伯海、南半球的印度洋形成了一个窄的水汽输送带，该水汽输送带是青藏高原显著的水汽来源。Kritika 等（2018）利用 ERA-Interim 大气再分析资料分析了喜马拉雅山南坡的大气河流（atmospheric rivers）水汽输送特征，发现年平均大气河流数为 12 个，并且大气河流的出现对非季风造成的降水等有重要贡献。Pan 等（2018）指出，青藏高原东南部在大气加热相对弱的年从热带印度洋输送的水汽较少。

青藏高原东南部的湿热空气是青藏高原"亚洲水塔"重要的水汽补给来源。Xu 等（2013）计算表明，青藏高原的热源（$Q1$）与亚洲夏季风水汽输送场显著相关，且青藏高原南坡水汽输送关键通道恰位于青藏高原藏东南，即雅鲁藏布大峡谷墨脱处（图 5.4）。另外，对气块轨迹追踪亦可发现该区域为青藏高原南坡源自低纬海洋暖湿气流的关键通道。

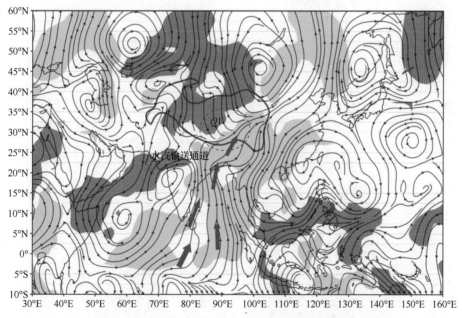

图 5.4　青藏高原整层视热源与整层水汽输送通道相关图（Xu et al.，2013）

依据 6 h 一次的 FLEXPART 模型输出资料，选取 2005 ～ 2009 年夏季（6 月 1 日～ 8 月 31 日）到达青藏高原地区上空的所有气块为研究对象，对这些气块进行前向和后向的追踪分析。对所有气块都追踪了 10 天，依据气块的比湿变化，统计所有气块并计算 $E–P$ 的值，进而根据 $E–P$ 的正负确定青藏高原上空水汽的"源–汇"特征。需要特别指出的是，我们不但诊断了青藏高原水汽的"源–汇"，同时也诊断分析了青藏高原上空所有大气质量（所有气块）的"源–汇"特征。分析大气质量的"源–汇"特征时，分别对青藏高原上空所有的气块进行前向轨迹追踪和后向轨迹追踪，气块的前向轨迹所在位置为大气的"源"，相反，后向轨迹所在位置为大气的"汇"。

    对 2005～2009 年夏季所有到达青藏高原的气块进行后向追踪，根据气块每 6 h 一次的空间位置及比湿变化，计算 $E-P$ 并确定其空间分布特征。图 5.5 给出了第 2 天、第 4 天、第 6 天、第 8 天、第 10 天前以及前 10 天平均的 $E-P$ 分布情况。这里 $E-P>0$ 的区域表示气块在到达青藏高原地区之前，在该区域获得水汽，其为水汽的"蒸发"源区。需要指出的是，图 5.5 给出的 $E-P$ 分布是网格化于 $1°×1°$ 的经纬度网格上的，它并不是描述某个单独的气块，而表现的是网格内所有气块的统计特征。从图 5.5 中可以清晰地看到气块在到达青藏高原之前的水汽增加（红、黄色）和减少（蓝色）的区域及其随时空变化的特征。

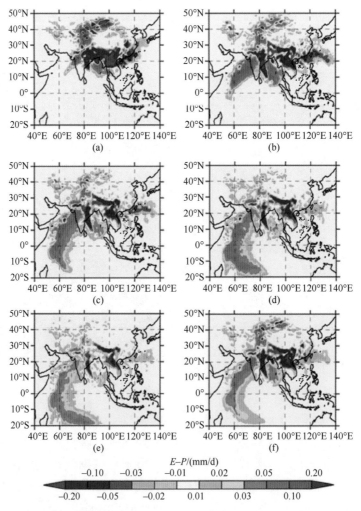

图 5.5　根据所有到达青藏高原地区气块（2005～2009 年夏季，6～8 月）后向追踪计算的 $E-P$ 平均分布（Chen et al.，2012）

（a）～（f）分别表示第 2 天、第 4 天、第 6 天、第 8 天、第 10 天前以及前 10 天平均的 $E-P$ 分布

从到达青藏高原第 2 天后向轨迹跟踪得到的水汽源的分布 [图 5.5(a) 中 E–P>0 的区域] 可以看到，水汽源区被 20°N 大致分为南北两部分：①青藏高原的西北侧；②孟加拉湾、印度次大陆以及部分阿拉伯海北缘。这意味着，青藏高原地区的水汽在短时间内主要来自这两个区域，其中受印度季风影响的孟加拉湾、印度次大陆的近距离水汽源区在过去已有很多研究和推断，而青藏高原北侧的水汽源区对青藏高原水汽的贡献则很少有研究，推断青藏高原西北侧的水汽源可能和夏季青藏高原西北侧地表较强的感热、潜热有关（吴国雄等，2005）。第 4 天的后向轨迹分析结果也表现出同样的分布型，但是在第 4 天的后向轨迹中，水汽源区从孟加拉湾向阿拉伯海南部低纬海洋显著扩展，同时也伴随着青藏高原西北侧水汽源区的减弱。第 6 天、第 8 天和第 10 天的后向轨迹分析的水汽源区 [图 5.5(c) ～图 5.5(e)] 显示，虽然孟加拉湾、青藏高原的西北侧水汽源区依旧存在，但阿拉伯海地区的水汽源向低纬海洋区域扩展越来越显著，在第 6 天时水汽源区可以跨越赤道追踪到南半球，而在第 8 天和第 10 天时，水汽源主要分布在南半球。这一方面说明阿拉伯海及其向南的区域是青藏高原地区的持续水汽源区，另外也进一步证实了青藏高原"亚洲水塔"的作用，即青藏高原地区的水汽可以来自跨越南北半球的水汽输送，并可能对全球其他区域的大气水分循环产生影响。

上面侧重分析的是逐日后向追踪青藏高原地区水汽源的空间变化特征，实际上分析青藏高原的水汽源区需要综合平均来看。因此，相应地，图 5.5(f) 给出基于 10 天后向追踪平均的 E–P 空间分布，它表示了青藏高原大气在前 10 天内获得或者损失水汽的分布。水汽源区 E–P>0 的区域为以阿拉伯海为主导，南北向的一个狭窄的水汽"走廊"，从亚热带的印度次大陆向南伸展到热带地区的孟加拉湾，甚至到南半球，同时，亦存在两个相对较弱的源区：青藏高原西北部以及孟加拉湾。需要注意的是，过去的很多研究都认为中国南海、菲律宾群岛以及热带西太平洋等区域对中国区域的降水具有重要贡献，这里的结果却显示，该区域对青藏高原地区的水汽贡献可以忽略不计。

为进一步了解 E–P>0 分布的时空演化特征，图 5.6 给出了 NCAR/ NCEP 再分析资料计算的多年夏季季节平均（6 ～ 8 月，2004 ～ 2009 年）整层水汽通量及其散度。可见，受夏季风的影响，在西南气流的引导下，从赤道地区、印度洋地区、阿拉伯海和其南部的赤道地区向中国东部有明显的水汽输送，而青藏高原正好位于这个水汽输送通道上。综合以上分析可以推断，青藏高原地区的水汽，除了来自青藏高原及其周边区域蒸发以外，其水汽主要来自热带印度洋和孟加拉湾。这个水汽源区诊断和 Simmonds 等（1999）的研究结果相吻合。

从图 5.5(a) 可以看出，E–P<0 的区域主要位于青藏高原南侧喜马拉雅山南坡，包括印度次大陆、印度半岛大部甚至中国西南部。如前所述，E–P<0 的区域和降水发生是紧密相连的，这意味着输送到青藏高原的气块在到达青藏高原区域之前在此区域发生降水。考察地形的分布可以发现，E–P<0 的区域主要和西南气流的迎风坡位置大致吻合，说明大地形对其水汽循环和相关的输送过程具有重要影响。

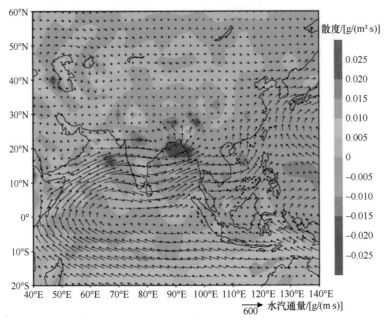

图 5.6　NCAR/NCEP 再分析资料计算的多年夏季季节平均（6 ～ 8 月，2004 ～ 2009 年）整层水汽通量（矢量）及其散度（彩色阴影区）（Chen et al.，2012）

为了进一步量化夏季青藏高原大气的不同水汽源区的相对重要性，下面对不同源区贡献的时间变化进行分析。这里对三个主要水汽源区，即阿拉伯海（AS）、孟加拉湾（BOB）、青藏高原西北部（NWTP）进行分析。对三个不同区域计算的结果表明，阿拉伯海地区 1 ～ 10 天的 E–P 总和约为 9.7×10^2 mm/d，而青藏高原西北部和孟加拉湾的 E–P 总和分别为 1.1×10^2 mm/d 和 1.44×10^2 mm/d。也就是说，广义的阿拉伯海区域水汽源贡献均约为青藏高原西北部与孟加拉湾的 9 倍，这进一步说明，青藏高原的水汽主要源于以阿拉伯海为主体的低纬热带印度洋地区，而其他区域水汽源贡献相对较小 [图 5.7（a）]。

图 5.7（b）给出了三个不同源区季节平均的 $(E–P)_n$ 值随着后向天数的变化。为了考察和比较它们贡献的时间变化特征，这里 $(E–P)_n$ 是各个网格面积的平均值。从图 5.7（b）中可以看出，从时间变化上来看，三个不同的区域对青藏高原水汽的贡献随着后向时间的变化而呈现出显著不同的变化趋势。对于青藏高原西北部地区而言，其贡献的最大值在后向追踪的 1 ～ 2 天，其后的时间里，该区域的水汽源贡献显著减小，也意味着该区域大部分的水汽"蒸发"在 1 ～ 2 天内就可以输送到青藏高原地区。孟加拉湾地区的水汽源在后向第 1 天的贡献几乎可以忽略不计，而在第 3 天达到最大值，其后网格平均的 E–P 也是显著减小。而对于阿拉伯海区域而言，主要的水汽源贡献在后向 5 ～ 10 天，其中后向第 7 天的贡献最大，此后虽然慢慢减弱，但和其他两个区域相比，其贡献一直相对较大。当然，图 5.7（b）给出的源区贡献的时间变化特征可能会因为区域选取范围的不同而略有差异，但是其水汽贡献的时间变化主要和源区的地理

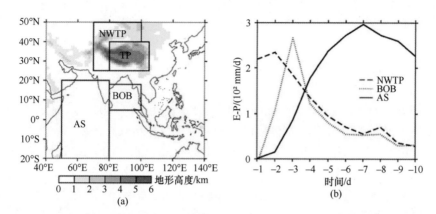

图 5.7   青藏高原地区的主要水汽源区的范围（a），季节平均 $(E–P)_n$ 的时间序列（b）
（Chen et al.，2012）

AS，阿拉伯海；BOB，孟加拉湾；NWTP，青藏高原西北部；TP，青藏高原。(b) 中横轴的负值指往前推的天数

位置有关。如图 5.7（a）所示，青藏高原西北部紧邻青藏高原地区，其水汽可以很快进入青藏高原，所以主要表现为后向 1～2 天的贡献，而孟加拉湾和阿拉伯海距离青藏高原相对较远，这两个区域的水汽"蒸发"在大尺度环流的输送作用下，需要相对较长的时间才能到达青藏高原上空，尤其是阿拉伯海区域，这里我们设定的范围较大，且该区域距离青藏高原最远，所以其水汽源的贡献主要在一周左右出现最大值。

从植被分布图上可以看到有一条绿色的通道沿着布拉马普特拉河、雅鲁藏布江河谷一直伸向青藏高原东南部。雅鲁藏布大峡谷宛如青藏高原东南部的一大门户，它面向孟加拉湾、遥远的印度洋，为印度洋的暖湿气流提供了一条天然的通道（高登义，2008）。高登义等（1985）研究发现，青藏高原东南部及其邻区年降水量正是沿着这条绿色通道分布，看起来像一条长长的湿舌伸向青藏高原东南部，并指出这条绿色通道很可能是一条重要的水汽通道（高登义，2005；杨逸畴等，1987）。

林振耀和吴祥定（1990）探讨了青藏高原地区的水汽输送路径，认为青藏高原地区存在两条主要的水汽输送路径：一条来自阿拉伯海，从青藏高原西部进入青藏高原；另一条是青藏高原东南部的雅鲁藏布江河谷。许健民等（1996）通过分析 1995 年 6 月中旬至 7 月初的 GMS-5 水汽图像，认为青藏高原地区水汽的汇集主要通过四种方式进行：水汽从青藏高原东南方的雅鲁藏布江河谷等地进入青藏高原；从青藏高原西南方越过喜马拉雅山进入青藏高原；从帕米尔高原及其以北地区经过塔里木盆地后进入青藏高原；对流活动可以引起水汽在青藏高原上空积聚。江吉喜和范梅珠（2002）认为，青藏高原南北干湿分界线大体在 33°N 附近，在南部湿区中有两个湿中心，分别在雅鲁藏布江上游和四川甘孜理塘一带。青藏高原东南部分布了若干夏季降水高值区，如四川雅安、云南西南部和广西钦州等位于青藏高原地形东南侧边缘的多雨中心（杨浩等，2019）。施小英和徐祥德（2006）利用数值试验模拟出青藏高原 3 条水汽输送通道，其中一条从雅鲁藏布江 – 布拉马普特拉河河谷进入青藏高原东南部的水汽通道。雅鲁藏布大峡谷是南亚水汽输送到青藏高原东部地区的主要通道（Chen et al.，2012；Wu and

Zhang，1998；刘忠方等，2007）。

5.3 水汽输送的水汽汇

前人的很多研究都强调了青藏高原地区的重要性，作为中国东部地区的上游区域，其水汽输送对中国东部，尤其是长江中下游夏季旱涝具有重要影响（吴国雄等，2005；徐祥德等，2002）。前面分析了青藏高原地区整层水汽的"蒸发性"源区，那么接下来的问题是，青藏高原地区的水汽向下游地区输送，其影响特征到底如何？和前面后向轨迹追踪研究方法类似，这里针对青藏高原上空整层的气块进行 10 天的前向轨迹追踪，以分析其影响特征。

图 5.8 给出了根据 2005 ～ 2009 年夏季青藏高原地区所有气块前向追踪并诊断的空间分布特征。同样，我们给出了第 2 天、第 4 天、第 6 天、第 8 天、第 10 天以及 10 天的平均结果。这里 $E-P<0$ 的区域表示源自青藏高原地区的气块在向前输送过程中水汽减少，即青藏高原的水汽"汇"。从图 5.8 中可以看出，和青藏高原地区气块后向轨迹诊断的结果不同，源于青藏高原的气块在向下游地区输送过程中，大部分水汽减少（$E-P<0$），这意味着源于青藏高原的大气对其下游的影响主要表现为降水过程。在很短的时间内 [如 2 天内，图 5.8(a)]，$E-P<0$ 的区域就覆盖了很大面积，包括长江流域、中国东北地区、东亚其他亚洲国家（如日本和韩国），甚至东太平洋。这种短时间的分布意味着源于青藏高原地区的水汽，可以很快地向下游地区输送，并在其下游地区产生降水。当然随着时间的变化，$E-P$ 无论空间分布还是量级上都发生显著变化。特别是，$E-P<0$ 的区域主要呈现在前 4 天 [图 5.8(a) 和图 5.8(b)]。随前向轨迹变化，虽然 $E-P<0$ 的分布型大体一致，但是其值明显减小。此结果表明，北半球夏季源于青藏高原的水汽对其下游的降水确实存在较大影响，并且是一个相对较短的天气尺度过程。结合前面青藏高原水汽源区的诊断结果也印证了青藏高原是一个水汽"转运站"的观点（徐祥德等，2002）。

从 10 天平均的 $E-P$ 分布 [图 5.8(f)] 可以看出，水汽减少最大的区域位于 $20° ～ 30°N$，且在中国区域整体呈现出西南 – 东北走向。例如，Drumond 等（2011）研究指出，采用拉格朗日方法的诊断结果和实际降水分布型的定性比较亦有助于进一步识别和检验水汽源区对下游的"影响域"，因此，进一步采用拉格朗日方法来比较降水分布和 $E-P$ 分布。图 5.9 为从全球降水变化计划（GPCP，version 2.1）数据得到的 2005 ～ 2009 年夏季平均的逐日降水率。比较图 5.9 和图 5.8(f) 可以发现，采用拉格朗日方法诊断的降水和降水分析产品无论是在最大值位置还是在空间分布型上都对应一致，这一方面证实了拉格朗日方法的可信度，另一方面也检验了前面给出的结果，即青藏高原对其下游区域的重要影响。

当然需要注意的是，从 $E-P$ 的分布上看，也还存在 $E-P>0$ 的区域，尤其是青藏高原自身区域。这表明，青藏高原地区自身的水分循环过程（局地"蒸发"）可能亦对其上空大气水汽含量具有贡献。过去的研究已经表明，青藏高原及其周边区域夏季对流

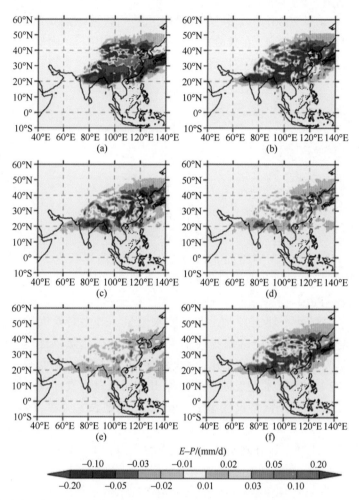

图 5.8　根据青藏高原地区上空的所有整层气块（2005 ～ 2009 年夏季，6 ～ 8 月）前向追踪计算的
$(E–P)_n$ 夏季平均分布（Chen et al.，2012）

（a）～（f）分别表示第 2 天、第 4 天、第 6 天、第 8 天、第 10 天以及 10 天平均的 E–P 分布

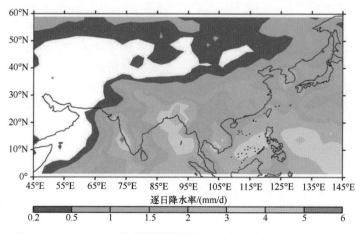

图 5.9　2005 ～ 2009 年夏季平均的逐日降水率（Chen et al.，2012）

也相对旺盛（Fu et al.，2006），其夏季自身的水汽也可以输送到其下游区域，并产生降水。对气块输送轨迹分析发现，在青藏高原环流系统的作用下，一部分气块先向西输送，然后再向东输送，最后到达其下游地区。

5.4 水汽输送的计算方案

5.4.1 水汽输送通量

计算水汽输送通量的公式为

$$F_w = \int_l \int_t \int_{p1}^{p2} \frac{Vq}{g} \, \mathrm{d}p \, \mathrm{d}t \, \mathrm{d}l$$

式中，F_w 为某一时期 t 内在等压面 $p1$ 和 $p2$ 之间通过边界长度 l 的水汽输送通量 [g/(cm·s)]；q 为比湿（g/kg）；V 为投影在输送方向的水平风速（m/s）；g 为重力加速度（m/s^2）；p 为压强（Pa）。

水汽输送主要受两个要素控制，即风和水汽量，过去对水汽输送的分析都是在用粗网格的数据，粗网格不能准确描述地形对水汽输送的阻挡作用。青藏高原大地形对大气加热形成青藏高原的热低压，引起周围大气向青藏高原汇集。研究分析表明，网格尺度在 2 km 时基本能反映青藏高原山地地形对大气环流的影响（Collier and Immerzeel，2015），但是子网格尺度小于 2 km 的山地地表大气水分热交换通量参数化还需要改进。

在第一次科考计算水汽输送通量时，杨逸畴等（1987）假定青藏高原四周诸站在700 hPa（约海拔 3000 m）以上向青藏高原的水汽输送均能翻越到青藏高原上。高登义等（1985）也假定青藏高原各站 700 hPa 以上输送的水汽全部能翻越青藏高原，事实上 Boos 和 Kuang（2010）的数值模拟表明，喜马拉雅山脉南部的水汽很难翻越到达青藏高原腹地，因此今后计算水汽输送通量时需要根据每个站的实际情况进行调整，而不是一律以 700 hPa 为下边界。

雅鲁藏布大峡谷地区乃至青藏高原东南部地区缺乏足够的、长期的高空气象观测资料。由于目前尚没有一个完善的模式能够模拟在雅鲁藏布大峡谷这种复杂地形条件下的降水，本次科考后期的研究工作将建立在诊断分析的基础上，利用青藏高原东南部及各站点的常规气象资料，结合再分析网格点资料，计算雅鲁藏布大峡谷及以北区域各物理量的分布特点，以及其随时间的变化。

5.4.2 大气水汽平衡方程

大气水汽平衡方程可表达为

$$\frac{\mathrm{d}W}{\mathrm{d}t} = C + E - P$$

式中，E 为蒸发；P 为降水；W 为整层大气水汽量；C 为大气水汽垂直积分的散度；t 为时间。

$$C = \nabla \cdot F$$

$$F = 1/g \int_{p_s}^{10} Vq \, dp$$

式中，F 为水汽输送通量；g 为重力加速度。对于时间尺度为月或季节来说，$\dfrac{dW}{dt}$ 可以假设为 0，上面公式可简化为

$$C = P-E$$

$P-E<0$ 的区域为水汽源，水汽向外扩散，其他区域为水汽汇，水汽向该地区汇聚。

5.4.3 影响水汽输送的要素

Trenberth（1999）估算了湿对流和局地蒸发对全球大气水汽循环的贡献，认为在 500 km 的尺度上局地蒸发只占局地降水的 9.6%，可见外来水汽的运移对全球降水的重要性。青藏高原水汽输送的研究不应该忽略对地表蒸发的影响，地表蒸发的水汽和降水决定了垂直大气柱里的水汽含量，要想更加准确地计算水汽输送，首先应得到准确的青藏高原的降水和蒸发资料。高原南坡地形坡度强迫的表面风场引起强烈的低层水汽辐合，高原南坡降水的年际变化受印度夏季风活动导致的水汽输送异常的影响，印度夏季风水汽输送异常主要取决于印度季风区北部的异常气旋式水汽输送（张文霞等，2016）。

5.5 雅鲁藏布大峡谷水汽输送空间分布

在全球变化背景下，青藏高原大气水含量经历了和即将经历什么样的变化目前还未知。因此，加大对青藏高原四周向青藏高原水汽输送的研究，对评估青藏高原降水的变化具有重要意义。图 5.10 和图 5.11 给出了纬向和经向的水汽输送通量结果，可以看出，青藏高原南部的纬向和经向水汽输送通量均是最大，而且都受到青藏高原地形的影响，纬向的流场明显受到青藏高原地形的阻挡作用，尤其是青藏高原南部水汽的纬向流场与喜马拉雅山地形走向非常一致，另外青藏高原南部经向的水汽输送也显著受到青藏高原南部山地的阻挡作用，较难穿越青藏高原南部的山地，但在藏东南出现一定缺口，具体表现为该地区的经向水汽输送要比其他地区大。

青藏高原南部的印度次大陆在 7～9 月以向东和向北输送水汽占据主导，其他月份青藏高原南部基本都是水汽向西传输，青藏高原上空纬向水汽传输要比青藏高原南部大陆水汽传输弱得多，喜马拉雅山对于向东的水汽传输有明显的阻挡作用，在青藏高原的西南边缘可以看到水汽沿喜马拉雅山有明显扰流。从 2～7 月经向水汽输送的变化可以看出，经向的水汽输送对于青藏高原的影响是通过雅鲁藏布大峡谷水汽通

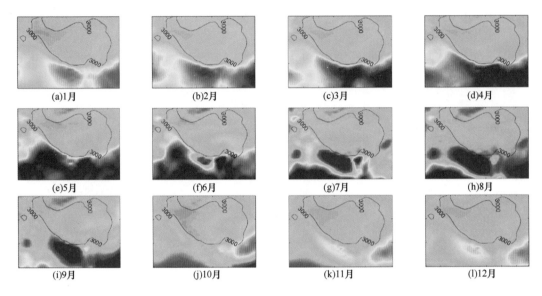

图 5.10 青藏高原及其周边 1 ~ 12 月月平均纬向水汽输送通量

黑色线为海拔 3000 m 的等高线

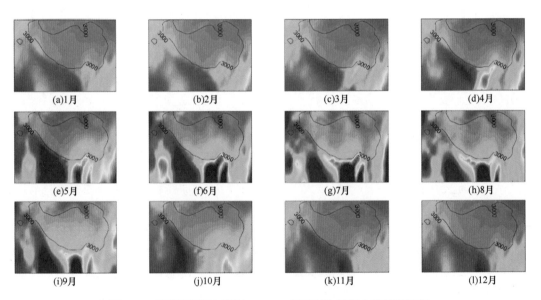

图 5.11 青藏高原及其周边 1 ~ 12 月月平均经向水汽输送通量

黑色线为海拔 3000 m 的等高线

道逐渐向青藏高原腹地扩大的，经向的水汽输送对于藏东南有明显影响，可能原因是雅鲁藏布大峡谷的地形造成了由南而来的水汽容易从雅鲁藏布大峡谷进入青藏高原腹地。到了 8 ~ 9 月部分经向的水汽输送可以穿越喜马拉雅山，但无法深入青藏高原内部。

梁宏等（2006）利用青藏高原及周边地区的地基 GPS 观测资料、MODIS 卫星遥感资料和 NCEP 格点再分析资料，分析了青藏高原及周边地区大气水汽分布及其变化特征，结果表明，青藏高原东南面的雅鲁藏布大峡谷是常年的大气水汽高值中心。

5.6　雅鲁藏布大峡谷水汽输送的异常变化

青藏高原陆地圈层水资源（包含河流、湖泊、冰川、冻土里的水等）总量的变化受到大气圈输送到青藏高原水汽量的重要影响。受全球气候变化影响，青藏高原上空的大气环流也发生了调整。例如，研究发现，青藏高原周围西风带和南亚季风的变化（Yao et al.，2012）导致青藏高原大气水分循环也在发生变化（Pan et al.，2018）。

从图 5.12 经向和纬向的水汽输送的异常变化可以看出，西风引起的纬向的水汽输送变化不大，没有明显的增加或降低的趋势，而经向水汽输送表现为自 1987 年起开始显著下降，也即从南向北输送到水汽通道的水汽在减少，这与水汽通道附近的地面气象站观测到的降水减少是一致的。综合以上可以认为，水汽通道水汽和降水的减少主要受到印度次大陆向北输送到藏东南水汽减少的影响，主要原因可能是南亚季风在减弱。张文霞等（2016）研究表明，近 30 年雅鲁藏布江流域夏季降水与印度夏季风在年际尺度上呈负相关。

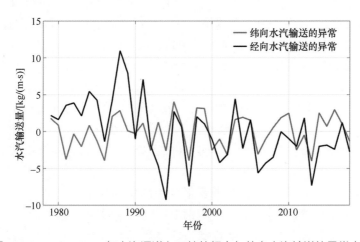

图 5.12　1979 ~ 2018 年水汽通道入口处的经向与纬向水汽输送的异常变化

5.7　气候变暖背景下雅鲁藏布江水汽输送与变化趋势分析

青藏高原西边界和南边界为青藏高原水汽输入边界，北边界和东边界则为水汽输出边界（图 5.13）（吴萍，2012）。雅鲁藏布江流域位于青藏高原东南部，发源于喜马拉雅山北麓杰马央宗冰川，在南迦巴瓦峰地区转为西南流向，在印度境内改称布拉马普特拉河，最终注入孟加拉湾（张文霞等，2016）。雅鲁藏布江下游河谷段近于南北走向，在地形上构成一条巨大的天然通道，来自印度洋和孟加拉湾的暖湿气流和青藏高原地

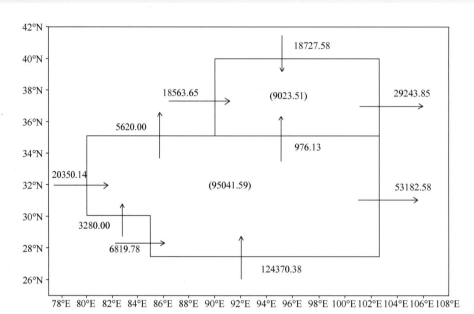

图 5.13　青藏高原夏季水汽平均收支示意图（单位：kg/s）（吴萍，2012）

区对流层上部水汽的汇集都主要通过该通道深入青藏高原内部（Xu et al.，2008；徐祥德等，2002；许健民等，1996），雅鲁藏布江下游河谷因此成为青藏高原水汽输送最主要的通道（高登义等，1985；高登义等，2003；鲁亚斌等，2008；杨逸畴等，1987）。同时它还是青藏高原南边界上最主要的水汽输送通道，也是对青藏高原夏季降水贡献最大的水汽输送通道（杨逸畴等，1987）。研究也发现，夏季青藏高原的水汽主要来源于印度洋，印度洋暖湿气流自孟加拉湾沿布拉马普特拉河、雅鲁藏布江深入青藏高原（林振耀和吴祥定，1990）。因此，该地区水汽输送的变化能进一步影响青藏高原乃至整个东亚地区的降水与气候（高登义等，2003；杨逸畴等，1987；张文敬和高登义，1999）。

青藏高原冬、春、秋季的水汽主要来自中纬度西风水汽输送，夏季水汽主要来自阿拉伯海、孟加拉湾、南海和西太平洋地区（Zhang et al.，2013；卓嘎等，2012）。研究表明，位于青藏高原南部的雅鲁藏布江地区的水汽输送对周边区域具有重要影响：雅鲁藏布下游河谷是印度洋暖湿气流伸入青藏高原内部的重要通道（高登义等，1985；许健民等，1996；杨逸畴等，1987），夏季印度洋暖湿气流经雅鲁藏布江下游河谷向青藏高原腹地输送的水汽量居青藏高原外围各处向青藏高原输送的水汽量之冠（高登义等，1985）；雅鲁藏布江、阿拉伯海的远距离水汽输送是春季青藏高原东南角多雨中心水汽来源中不可忽视的重要因素（鲁亚斌等，2008）。

张文霞等（2016）分析了夏季雅鲁藏布江流域水汽输送的空间分布特征，发现一条自孟加拉湾出海口经布拉马普特拉河上溯至雅鲁藏布大峡谷的水汽通道在夏季清晰可见，夏季盛行的西南季风沿该水汽通道将印度洋和孟加拉湾的暖湿水汽输送至青藏高原，此水汽通道处的平均整层水汽输送约为 143.0 kg/(m·s)（图 5.14）；该水汽通道存在

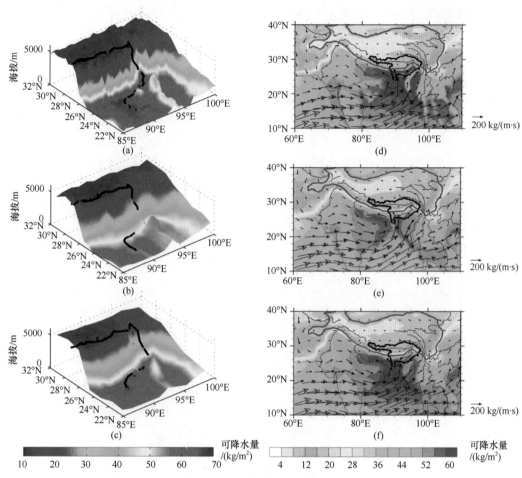

图 5.14　三套再分析资料得到的青藏高原南坡及周边地区的可降水量和水汽输送通量的空间分布图
（张文霞等，2016）

(a) CFSR、(b) JRA-25、(c) ERA-Interim 资料描述的 1998～2007 年雅鲁藏布江流域夏季可降水量随纬度、经度和海拔的
三维空间分布，其中黑线代表雅鲁藏布江；(d) CFSR、(e) JRA-25、(f) ERA-Interim 资料描述的 1998～2007 年雅鲁藏
布江流域夏季可降水量（填色）与整层水汽输送（箭头）的水平分布，红色实线代表青藏高原 2500 m 等高线，黑色实线
代表雅鲁藏布江流域

明显的季节循环，夏季最强，秋季减弱，冬春季则消失；夏季，对于雅鲁藏布江流域
而言，南部（即水汽通道所在处）的强水汽辐合是由风场辐合与地形坡度的共同作用
导致的。为了定量比较雅鲁藏布大峡谷地区各方向、各层次的水汽收支情况，将水汽
输送分为三个层次：1000～600 hPa、600～400 hPa 和 400～300 hPa，定量分析了雅
鲁藏布大峡谷及邻近区域（27°～33°N，92°～98°E）内不同边界的水汽收支，结果表
明，夏季水汽从南边界和西边界进入雅鲁藏布大峡谷地区，前者约为后者的 3.4 倍；
偏南风引起水汽辐合（低层辐合最强，占经向辐合总量的 92.6%），偏西水汽输送导致
净辐散；由于大峡谷东西侧的海拔较高，中高层的水汽输送依然很强；区域北边界的
水汽输出虽然强度不大，但它是印度洋和孟加拉湾向青藏高原腹地输送水汽的重要通

道，对青藏高原气候变化具有重要意义。此外，张文霞等（2016）研究结果还表明，近30年雅鲁藏布江流域夏季降水无显著趋势，以年际变率为主；年际异常的水汽辐合（约为气候态的35.4%）源自异常西南风导致的局地水汽辐合（纬向、经向辐合分别贡献了16.5%、83.5%），地形作用很小；流域夏季降水的年际变化是印度夏季风活动导致的异常水汽输送造成的，其关键系统是印度季风区北部的异常气旋（或反气旋）式水汽输送。

分析表明，青藏高原水汽含量随海拔升高而减少，其东北部和东南部湿润（图5.15）、西北部干燥，而位于海拔相对较低的青藏高原东南地区以及雅鲁藏布江流域在夏季是水汽含量的高值区（韩军彩等，2012；吴萍，2012），雅鲁藏布江水汽通道是青藏高原东南部的重要水汽来源地（鲁亚斌等，2008），而在雅鲁藏布江大拐弯（95°E、30°N）附近形成青藏高原雨季的降水中心也由该地区丰富的水汽资源所致（柳苗和李栋梁，2007）。

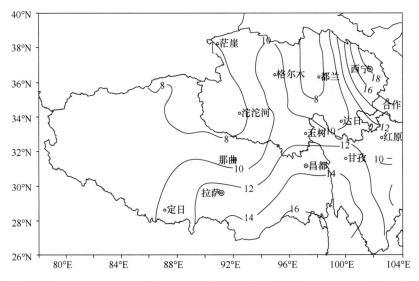

图5.15　青藏高原夏季平均水汽含量空间分布（单位：mm）（韩军彩等，2012）

分析表明，近30年来，无论是年还是不同季节青藏高原南边界平均水汽输送量基本呈现减少趋势，总水汽输入量、输出量均呈现减少趋势，年、夏季、秋季净收入量呈现减少趋势，年、夏、冬季净收支量也呈现减少趋势（图5.16），春季、冬季净支出量呈现增加趋势（卓嘎等，2012）。青藏高原南部1979～2008年水汽净收支为正值，呈"盈余"状态，整体上呈下降趋势，在1983年、1994年和1998年发生突变（吴萍，2012）。

利用ERA-Interim再分析资料（0.5°×0.5°）、探空观测资料及我国降水格点数据分析发现，青藏高原东南部冬季水汽净收入、净支出在1979～2012年总体呈增加趋势，而水汽净收支则呈减少趋势（谢启玉等，2015）。青藏高原南部夏季水汽含量存在明显的年际振荡且呈现出增加趋势，20世纪90年代中期以前水汽含量偏少，90年代中期后偏多（吴萍，2012）。青藏高原南部夏季水汽含量在 1988 年以后呈增加趋势（图 5.17），但增加趋势不显著（未通过 0.05 水平上的显著性检验），并在 1981 年和 20 世纪 90 年代中期前后发生突变（韩军彩等，2012；吴萍，2012）。综合可知，近 30 多年以来，雅鲁藏布江流域水汽输入量呈减少趋势，水汽净收支整体呈下降趋势，夏季水汽含量总体表现为增加趋势且在其上游地区更为显著（图 5.17）。

梁宏等（2006）利用青藏高原及周边地区的地基 GPS 观测资料、MODIS 卫星遥感资料和 NCEP 格点再分析资料，分析了青藏高原及周边地区大气水汽分布及其变化特征，结果表明，青藏高原东南面的雅鲁藏布大峡谷是常年的大气水汽高值中心。采用再分析资料得到雅鲁藏布大峡谷地区净水汽收支约为 $172 \times 10^5 \sim 445 \times 10^5 \mathrm{kg/s}$（图 5.18）。在气候变暖背景下，研究表明（Lu et al.，2015；Zhao et al.，2015；常姝

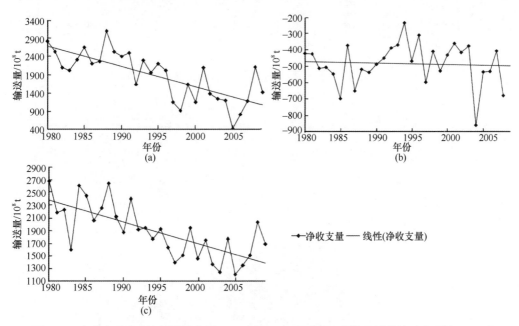

图 5.16　青藏高原净水汽输送量年际 (a)、冬季 (b)、夏季 (c) 变化及其趋势（卓嘎等，2012）

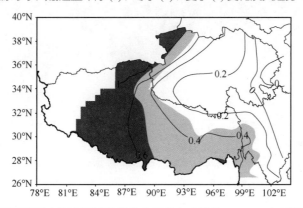

图 5.17　青藏高原夏季水汽含量线性趋势空间分布（单位：mm/10a）（韩军彩等，2012）
浅色和深色阴影区分别通过 0.05 和 0.01 水平上的显著性检验

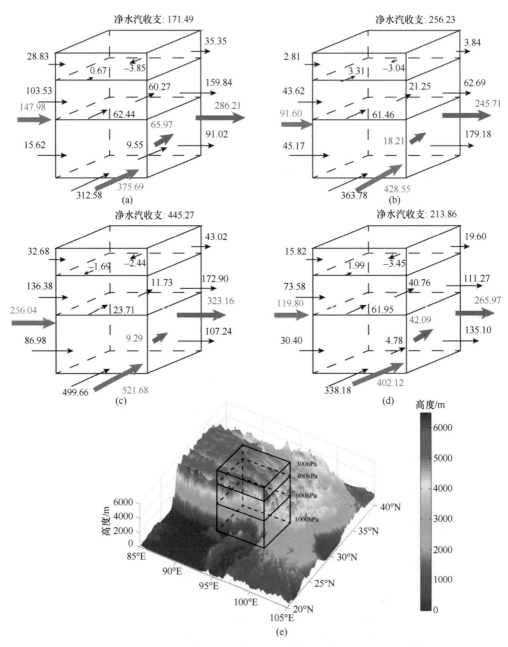

图 5.18　雅鲁藏布大峡谷地区 1998 ~ 2007 年夏季平均的水汽收支（单位：10^5 kg/s）在三个层次
（1000 ~ 600 hPa、600 ~ 400 hPa 和 400 ~ 300 hPa）上的垂直分布（张文霞等，2016）

（a）CFSR 资料；（b）JRA-25 资料；（c）ERA-Interim 资料；（d）CFSR 与 JRA-25 资料平均。蓝色（红色）粗箭头代表各边
界整层水汽输入（输出）；图上方数字为整层净水汽辐合。（e）青藏高原东南部地形高度（单位：m）及水汽收支定量分
析范围（27°N ~ 33°N，92°E ~ 98°E）与层次的示意图

婷，2018；黄露等，2018；周长艳等，2017），近几十年青藏高原地区的大气水汽含量表现为明显的增加趋势。例如，Zhao 等（2015）基于均一化的探空观测资料发现，1979 ～ 2012 年青藏高原的年大气可降水量总体表现为增加趋势；Lu 等（2015）综合利用探空和 MODIS 资料，通过分析也发现青藏高原地区年大气可降水量在 1979 ～ 2011 年表现出显著的增加趋势。在这样的区域水汽变化背景下，夏季雅鲁藏布江流域上空的大气可降水量在 1979 ～ 2015 年也主要表现出显著的增加趋势（图 5.19）（常姝婷，2018）。

　　然而，由于全球气候变暖，青藏高原地表温度在过去的 50 年里上升了 1.8℃左右，青藏高原地区观测资料偏少，观测站点多集中在青藏高原东部地区，上述关于青藏高原大气水汽输送及其变化趋势的分析主要基于再分析资料，其可靠性有待进一步验证（吴萍，2012）。近些年来，一些学者（Feng and Zhou，2012，2015；Li et al.，2016；Wu et al.，2016）也结合最新的卫星产品和站点观测以及再分析资料等多源数据集，对气候变暖背景下，青藏高原水汽输送的变化特征进行了研究。Feng 和 Zhou（2012）、Zhou 等（2012）采用 5 种降水资料和 3 种再分析数据集，分析了 1979 ～ 2002 年的青藏高原水汽输送气候变化特征（图 5.20）。多种数据集合的气候平均表明，夏季青藏高原是一个水汽汇，具有 4mm/d 的水汽净辐合。来自印度洋和孟加拉湾的水汽输送是青藏高原东南部降水的水汽主要来源 [图 5.21（d）]。沿青藏高原南部边缘而来的西边界水

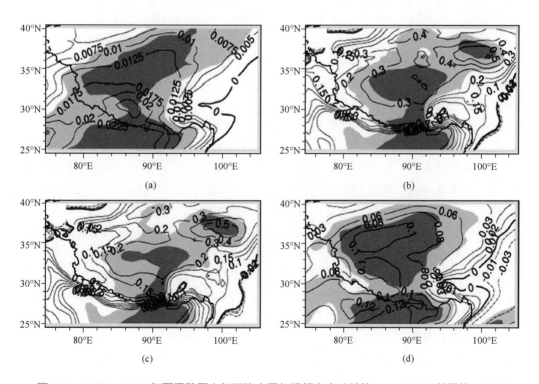

图 5.19　1979 ～ 2015 年夏季整层大气可降水量气候倾向率（单位：mm/10a）（黄露等，2018）
深色和浅色阴影部分为通过 99% 和 95% 的信度检验

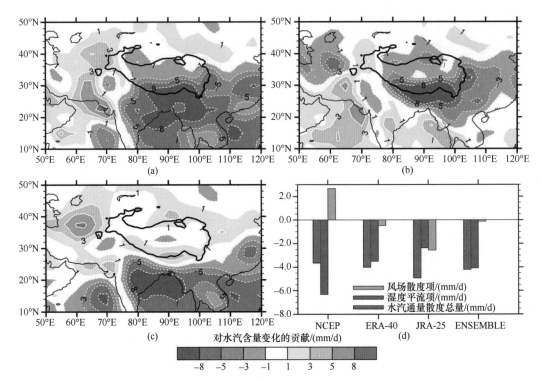

图 5.20　1979 ～ 2002 年 3 种再分析数据［NCEP（美国国家环境预报中心再分析资料）、ERA-40（欧洲中期天气预报中心再分析资料）、JRA-25（日本再分析资料）、ENSEMBLE（集合平均）］集合平均的青藏高原及周边地区各项变化对比（Feng and Zhou，2012）

(a) 水汽通量散度总量；(b) 平流项；(c) 风场散度项；(d) 水汽通量散度的各自贡献

汽占南边界水汽的 32%。青藏高原东南部夏季降水具有明显的年际变化，但没有显著的长期变化趋势。此外，Feng 和 Zhou（2015）还利用大气模式模拟了夏季青藏高原降水和水汽输送特征，对比分析了不同模式分辨率（180 km、120 km、60 km 和 20 km）下的实验结果，MRI 气候模式可以合理地再现青藏高原的夏季降水气候平均分布。然而，该模式不能模拟出夏季降水及水汽输送的年际变化。随着该模式分辨率的不断提高，气候平均夏季降水模拟结果得到明显改善，包括年循环和空间分布。该模式对青藏高原水汽输送的年际变化模拟结果更接近于欧洲中期天气预报中心的第三代再分析（ERA-Interim）资料的结果。但是，在青藏高原夏季降水的年际变化和气候平均水汽输送方面，模式技巧几乎没有提高。因此，高分辨率模式中仍然存在过高地估计夏季降水量的情况。

　　王霄等（2009）基于 1948 ～ 2007 年的 NCEP 再分析资料，分析了青藏高原夏季大气可降水量的分布和变化特征，发现青藏高原上空存在 3 个明显的水汽含量高值中心，即青藏高原的东南部、西南部和南侧。王鹏祥等（2006）利用 NCEP 再分析资料，研究了 1961 ～ 2003 年青藏高原夏季水汽的分布及演变特征，得出青藏高原水汽通量净收支整体上呈增加趋势。韩军彩等（2012）利用青藏高原地区 1979 ～ 2008 年 14 个探空站的观测资料以及同期的 NCEP 再分析资料研究发现，近 30 年来，青藏高原夏季水汽

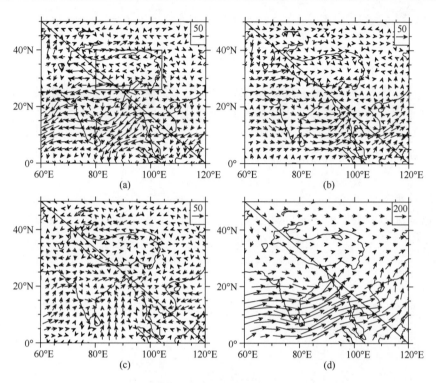

图 5.21　1979 ~ 2002 年几种再分析资料计算的青藏高原夏季气候平均水汽输送的差异（Feng and Zhou，2012）

(a) NCEP/NCAR 与集合平均差异；(b) ERA-40 和集合平均差异；(c) JRA-25 和集合平均差异；(d) 三种资料集合平均 ENSEMBLE。各分图右上角的数值表示水汽输送通量的标尺，单位为 kg/(m·s)

含量整体呈现增加趋势，高海拔的西部干燥地区水汽含量的增加较东部湿润地区更加显著，青藏高原夏季水汽含量偏多（张一平等，2007），青藏高原地区整层水汽通量以辐合（散）为主，青藏高原上空低层的位势高度以负距平为主，青藏高原地表温度整体上偏高（低）。梁宏等（2006）利用高时空分辨率的 GPS 观测资料及 MODIS 卫星遥感资料分析指出，青藏高原地区大气水汽分布受纬度和海拔等因素的影响，而大气环流变化则是造成青藏高原及周边地区大气水汽分布季节变化的主要原因。水汽含量偏多年青藏高原低层的低压和高层的高压系统均较常年偏强，即低层的辐合和高空的辐散均增强，这有利于水汽向青藏高原辐合，而青藏高原夏季水汽含量偏少年 500 hPa 和 200 hPa 高度场距平则呈相反的距平分布，在 500 hPa（200 hPa）青藏高原大部分地区位势高度为正（负）距平，说明水汽含量偏少年青藏高原低层的低压和高层的高压系统均较常年偏弱，即低层的辐合和高层的辐散均减弱，不利于水汽向青藏高原辐合（韩军彩等，2012）。徐祥德等（2002）研究发现，夏季青藏高原是我国东部长江流域梅雨带的重要水汽源或"转运站"，其强弱变化对长江中下游旱涝具有重要的影响。赵声蓉等（2003）指出，夏季青藏高原为热源和水汽源，它们的异常对华北地区降水有很大影响，当热源和水汽源增强时，华北地区降水偏多，反之则偏少。

5.8 雅鲁藏布大峡谷水汽输送减弱的原因

在全球变暖背景下，藏东南地区水资源发生了显著变化，李建平教授的研究结果表明，南亚季风指数在衰减（图 5.22），由此推断南亚季风输送到青藏高原的水汽强度在减弱，从该地区降水的变化分析也能看出该地区自 1995 年以来降水在减少，另外从卫星观测到的地表水也能够看到该地区地表可利用水资源在减少（包含冰川的退缩），水汽输送和卫星观测的地表水的变化有一致的反映，认为南亚季风的减弱造成了南部水汽向雅鲁藏布大峡谷地区经向水汽输送的减弱，引起了该地区降水的减少，进而引发该地区地表水和地下水的减少，因此该地区显著受到大气尺度外来气候变化的影响。

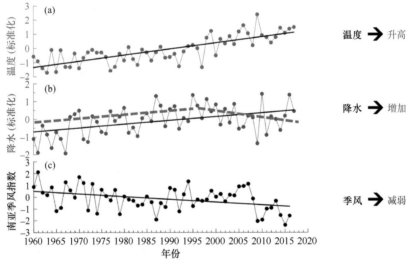

图 5.22 南亚季风指数、降水和温度过去 50 多年的变化
图 (a)(b) 数据为林芝站、波密站、察隅站和左贡站数据；图 (c) 为李建平教授研究结果
资料来源：图片由邬光剑提供

青藏高原作为一个独特的区域，对亚洲大气水循环和能量收支甚至全球气候产生深远的影响，其在天气、气候系统中发挥的重要作用已经得到世界公认。然而，针对这个地区水汽的"源－汇"的认识则还不清楚，尤其从气候学角度来看细节性问题还需要深入研究。了解青藏高原水汽"源－汇"结构对认识其下游地区大气水分循环的影响、改善气候模式对该区域的描述、提高气候模型的预测能力，甚至在观测网设计等方面都具有重要意义。同时，由于青藏高原及其周边区域是对流层－平流层相互作用激烈的地区，对该区域大气质量"源－汇"结构的认识，亦有助于认识该区域的大气痕量气体输送过程，同时其对认识亚洲乃至全球平流层－对流层大气痕量成分结构和变化具有一定参考意义。

参考文献

常姝婷. 2018. 全球变暖背景下青藏高原夏季大气水汽特征及对区域气候的影响. 兰州: 兰州大学.

高登义. 2005. 中国山地环境气象学. 郑州: 河南科学技术出版社.

高登义. 2008. 雅鲁藏布江水汽通道. 自然杂志, 30(5): 301-303.

高登义, 邹捍, 王维. 1985. 雅鲁藏布江水汽通道对降水的影响. 山地学报, 3(4): 51-61.

高登义, 邹捍, 周立波, 等. 2003. 中国山地环境气象研究进展. 大气科学, 27(4): 567-590.

韩军彩, 周顺武, 吴萍, 等. 2012. 青藏高原上空夏季水汽含量的时空分布特征. 干旱区研究, 29(3): 457-463.

黄露, 范广洲, 赖欣. 2018. 1979—2015年青藏高原大气可降水量的变化特征. 西南大学学报（自然科学版）, 40(2): 94-103.

江吉喜, 范梅珠. 2002. 青藏高原夏季TBB场与水汽分布关系的初步研究. 高原气象, 21(1): 20-24.

梁宏, 刘晶淼, 李世奎. 2006. 青藏高原及周边地区大气水汽资源分布和季节变化特征分析. 自然资源学报, 21(4): 526-534.

林振耀, 吴祥定. 1990. 青藏高原水汽输送路径的探讨. 地理研究, 9(3): 33-40.

刘忠方, 田立德, 姚檀栋, 等. 2007. 水汽输送对雅鲁藏布江流域降水中稳定同位素的影响. 地球科学进展, 22(8): 842-850.

柳苗, 李栋梁. 2007. 青藏高原东部雨季OLR与降水变化特征及相关分析. 高原气象, 26(2): 249-256.

鲁亚斌, 解明恩, 范菠, 等. 2008. 春季高原东南角多雨中心的气候特征及水汽输送分析. 高原气象, 27(6): 1189-1194.

施小英, 徐祥德. 2006. 夏季青藏高原及周边中尺度地形强迫相关的水汽通道"下游效应"//中国气象学会. 中国气象学会2006年年会论文集. 成都: 中国气象学会: 1929.

王鹏祥, 王宝鉴, 黄玉霞, 等. 2006. 青海高原近43年夏季水汽分布及演变特征. 高原气象, 25(1): 60-65.

王霄, 巩远发, 岑思弦. 2009. 夏半年青藏高原"湿池"的水汽分布及水汽输送特征. 地理学报, 64(5): 601-608.

吴国雄, 刘屹岷, 刘新, 等. 2005. 青藏高原加热如何影响亚洲夏季的气候格局. 大气科学, 19(1): 47-57.

吴国雄, 张永生. 1998. 青藏高原的热力和机械强迫作用以及亚洲季风的爆发. 大气科学, 22(6): 825-838.

吴萍. 2012. 青藏高原夏季大气水汽含量的演变特征. 南京: 南京信息工程大学.

谢启玉, 巩远发, 杨蓉. 2015. 冬季青藏高原湿中心区域水汽收支及其与中国降水的关系. 干旱气象, 33(5): 732-739.

徐祥德, 陈联寿, 王秀荣, 等. 2004. 长江流域梅雨带水汽输送源汇结构//中国气象学会. 推进气象科技创新加快气象事业发展——中国气象学会2004年年会论文集(下册). 北京: 气象出版社: 176-177.

徐祥德, 陶诗言, 王继志, 等. 2002. 青藏高原—季风水汽输送"大三角扇型"影响域特征与中国区域旱涝异常的关系. 气象学报, 60(3): 257-266.

许健民, 郑新江, 徐欢, 等. 1996. GMS-5水汽图象所揭示的青藏高原地区对流层上部水汽分布特征. 应用气象学报, 7(2): 246-251.

杨浩, 崔春光, 王晓芳, 等. 2019. 气候变暖背景下雅鲁藏布江流域降水变化研究进展. 暴雨灾害, 38(6): 565-575.

杨逸畴, 高登义, 李渤生. 1987. 雅鲁藏布江下游河谷水汽通道初探. 中国科学(B辑), (8): 893-902.

张文敬, 高登义. 1999. 世界第一大峡谷——雅鲁藏布大峡谷科学考察新进展. 山地学报, 17(2): 99-103.

张文霞, 张丽霞, 周天军. 2016. 雅鲁藏布江流域夏季降水的年际变化及其原因. 大气科学, 40(5): 965-980.

张一平, 高富, 何大明, 等. 2007. 澜沧江水温时空分布特征及与下湄公河水温的比较. 科学通报, 52(S2): 123-127.

赵声蓉, 宋正山, 纪立人. 2003. 青藏高原热力异常与华北汛期降水关系的研究. 大气科学, 27(5): 881-893.

周长艳, 邓梦雨, 齐冬梅. 2017. 青藏高原湿池的气候特征及其变化. 高原气象, 36(2): 294-306.

卓嘎, 罗布, 周长艳. 2012. 1980—2009年西藏地区水汽输送的气候特征. 冰川冻土, 34(4): 783-794.

Bao S, Letu H, Zhao J, et al. 2019. Spatiotemporal distributions of cloud parameters and their response to meteorological factors over the Tibetan Plateau during 2003—2015 based on MODIS data. International Journal of Climatology, 39(1): 532-543.

Boos W, Kuang Z. 2010. Dominant control of the South Asian monsoon by orographic insulation versus plateau heating. Nature, 463(7278): 218-222.

Chen B, Xu X, Yang S, et al. 2012. On the origin and destination of atmospheric moisture and air mass over the Tibetan Plateau. Theoretical and Applied Climatology, 110(3): 423-435.

Collier E, Immerzeel W. 2015. High-resolution modeling of atmospheric dynamics in the Nepalese Himalaya. Journal of Geophysical Research: Atmospheres, 120(19): 9882-9896.

Curio J, Maussion F, Scherer D. 2015. A 12-year high-resolution climatology of atmospheric water transport over the Tibetan Plateau. Earth System Dynamics, 6(1): 109-124.

Dong W, Lin Y, Wright J, et al. 2016. Summer rainfall over the southwestern Tibetan Plateau controlled by deep convection over the Indian subcontinent. Nature Communications, 7: 10925.

Drumond A, Nieto R, Gimeno L. 2011. Sources of moisture for China and their variations during drier and wetter conditions in 2000–2004: a Lagrangian approach. Climate Research, 50: 215-225.

Feng L, Zhou T. 2012. Water vapor transport for summer precipitation over the Tibetan Plateau: multidata set analysis. Journal of Geophysical Research: Atmospheres, 117(D20): 1-16.

Feng L, Zhou T. 2015. Simulation of summer precipitation and associated water vapor transport over the Tibetan Plateau by meteorological research institute model. Chinese Journal Atmospheric Science, 39: 385-396.

Fu Y, Liu G, Wu G, et al. 2006. Tower mast of precipitation over the central Tibetan Plateau summer. Geophysical Research Letters, 33: L05802.

Kritika T, Theodore E, Craig F. 2018. Atmospheric rivers carry non-monsoon extreme precipitation into Nepal. Journal of Geophysical Research: Atmospheres, 123(11): 5901-5912.

Li C, Zuo Q, Xu X, et al. 2016. Water vapor transport around the Tibetan Plateau and its effect on summer rainfall over the Yangtze River valley. Journal of Meteorological Research, 30(4): 472-482.

Lu N, Trenberth K, Qin J, et al. 2015. Detecting long-term trends in precipitable water over the Tibetan Plateau by synthesis of station and MODIS observations. Journal of Climate, 28(4): 1707-1722.

Pan C, Zhu B, Gao J, et al. 2018. Quantitative identification of moisture sources over the Tibetan Plateau and the relationship between thermal forcing and moisture transport. Climate Dynamics, 52: 181-196.

Simmonds I, Bi D, Hope P. 1999. Atmospheric water vapor flux and its association with rainfall over China in Summer. Journal of Climate, 12(5): 1353-1367.

Sun B, Wang H. 2014. Moisture sources of semiarid grassland in China using the Lagrangian particle model FLEXPART. Journal of Climate, 27(6): 2457-2474.

Trenberth K.1999. Atmospheric moisture recycling: role of advection and local evaporation. Journal of Climate, 12(5): 1368-1381.

Wang Z, Duan A, Yang S, et al. 2017. Atmospheric moisture budget and its regulation on the variability of summer precipitation over the Tibetan Plateau. Journal of Geophysical Research: Atmospheres, 122(2): 614-630.

Wu G, Zhang Y. 1998. Tibetan Plateau forcing and the timing of the monsoon onset over South Asia and the South China Sea. Monthly Weather Review, 126(4): 913-927.

Wu S, Dai G, Song X, et al. 2016. Observations of water vapor mixing ratio profile and flux in the Tibetan Plateau based on the lidar technique. Atmospheric Measurement Techniques, 9: 1399-1413.

Xu X, Lu C, Ding Y, et al. 2013. What is the relationship between China summer precipitation and the change of apparent heat source over the Tibetan Plateau? Atmospheric Science Letters, 14(4): 227-234.

Xu X, Lu C, Shi X, et al. 2008. World water tower: an atmospheric perspective. Geophysical Research Letters, 35: L20815.

Xu X, Zhao T, Lu C, et al. 2014. An important mechanism sustaining the atmospheric "water tower" over the Tibetan Plateau. Atmospheric Chemistry and Physics, 14(20): 11287-11295.

Yang M, Yao T, Wang H, et al. 2006. Estimating the criterion for determining water vapour sources of summer precipitation on the northern Tibetan Plateau. Hydrological Processes, 20(3): 505-513.

Yao T, Masson V, Gao J, et al. 2013. A review of climatic controls on $\delta^{18}O$ in precipitation over the Tibetan Plateau: observations and simulations. Reviews of Geophysics, 51(4): 525-548.

Yao T, Thompson L, Yang W, et al. 2012. Different glacier status with atmospheric circulations in Tibetan Plateau and surroundings. Nature Climate Change, 2: 663-667.

Zhan R, Li J. 2008. Influence of atmospheric heat sources over the Tibetan Plateau and the tropical western North Pacific on the inter-decadal variations of the stratosphere-troposphere exchange of water vapor. Science in China Series D: Earth Sciences, 51(8): 1179-1193.

Zhang C, Tang Q, Chen D. 2017. Recent changes in the moisture source of precipitation over the Tibetan Plateau. Journal of Climate, 30(5): 1807-1819.

Zhang Y, Wang D, Zhai P, et al. 2013. Spatial distributions and seasonal variations of tropospheric water

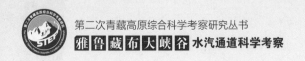

vapor content over the Tibetan Plateau. Journal of Climate, 26(15): 5637-5654.

Zhao T, Wang J, Dai A, 2015. Evaluation of atmospheric precipitable water from reanalysis products using homogenized radiosonde observations over China. Journal of Geophysical Research: Atmospheres, 120(20): 10703-10727.

Zhou S, Wu P, Wang C, et al. 2012. Spatial distribution of atmospheric water vapor and its relationship with precipitation in summer over the Tibetan Plateau. Journal of Geographical Sciences, 22(5): 795-809.

第 6 章

雅鲁藏布大峡谷水汽状况
及其输送结构特征考察

通过对在水汽通道入口处（墨脱站）、中段（卡布站）和末端（藏东南站）布设的观测设备得到的 2018 年 12 月～ 2019 年 6 月的资料分析显示，地形对垂直大气的温、湿结构有显著影响，青藏高原地区白天和夜晚加热差异性明显。卡布站的大气柱总含水量（total column water vapor，TCWV）最高，而末端的 TCWV 比入口处明显偏低，地形对从南方输送到林芝地区的水汽有明显的影响，藏东南站的平均 TCWV 为入口处 TCWV 的一半，而处在中段的卡布站并没有受到地形的影响，相反在干季卡布站的 TCWV 却要高于墨脱站，可能是局地对流引起水汽在卡布站聚集。墨脱站、卡布站的 TCWV 增加和减少变化信号基本一致，反映出水汽从南向北经过雅鲁藏布大峡谷影响两个站 TCWV 的变化。墨脱站海拔低，处于水汽通道的南部，该站的 TCWV 变化幅度要大于卡布站。入口处和中段的大部分降水同时发生，个别时间中段卡布站的降水量要比墨脱站的降水量大，这可能是由于卡布站处于中段相对高的高海拔地区，受地形的阻挡作用要强于入口处的墨脱站。TCWV 的日变化随着海拔的增加而减小。利用无线电探空观测对微波辐射计的评估认为，藏东南站微波辐射计反演的温、湿度在该地区具有较高的可靠性，可以用于研究水汽的变化。本次针对雅鲁藏布江流域下游开展水汽通道科学考察，在第一次科考缺测区补充大气观测资料，重点观测雅鲁藏布大峡谷水汽通道内的水汽变化规律，结合多通道微波辐射计观测垂直大气的温湿廓线，分析水汽通道对水汽输送的影响，并沿海拔梯度布设大气边界层观测站，利用地基 GPS 观测水汽通道不同大气垂直层的分布，在墨脱站典型下垫面近地层架设气象梯度和地表能量观测系统，为数值模拟水汽通道的水汽输送提供模型参数的参考值，构建区域水汽输送数值模型。

本次科考在雅鲁藏布大峡谷地区安设水汽输送、降水、云等观测设备，主要设备有多通道微波辐射计，其可对水汽输送、云和降水的时空物理变化过程进行连续观测，方便今后改进模型中云参数和降水物理过程。

6.1 青藏高原云降水与下游关联性分析

云和降水之间有复杂的微物理过程联系，对降水和云物理研究主要集中在对降水云体的垂直探测及分析其微物理过程，主要采用云雷达、微降水雷达，结合微波辐射计等，来获取该地区云降水雨滴谱、含水量、降水粒子相态和云内空气上升速度等垂直结构参数（Liu et al.，2017；Liu and Zheng，2019；Zheng et al.，2017；刘黎平等，2014）。

Zhao 等（2019）研究得到青藏高原那曲云量与中国东部 1856 个观测站观测云量的相关系数，可以看到，沿长江流域的大部分地区与青藏高原那曲的云量变化呈正相关，说明向青藏高原输送的水汽形成的高原云和降水对我国东部长江流域的成云降水过程有重要影响。因此，青藏高原地区的云观测对我国东部的天气预报具有重要意义。

6.2　河谷大气柱总含水量分布

大气柱总含水量（TCWV）是指从地面到大气顶单位面积大气柱中的水分含量。水汽是大气的重要组成部分，TCWV 是天气和气候变化的重要指示因子，也是降水产生的必要条件。TCWV 时空分布差异明显，需要精确连续观测。第一次科考使用探空观测作为 TCWV 的主要观测方法，但是探空观测缺乏连续的观测。近年来兴起了利用地基 GPS 遥感观测 TCWV 的方法，该方法有效地弥补了目前常规观测对大气中水汽测量的不足，在气象等领域得到了广泛的应用。本次科考对水汽通道内的水汽主要采用多通道微波辐射计来观测，分别在墨脱站、卡布站和藏东南站布设了多通道微波辐射计，以方便在雅鲁藏布大峡谷内不同位置做对比，分析不同大气层的水汽从南向北翻越该地区山谷的动态过程。本次科考为了和中国气象局布置在青藏高原及周边的 GPS 观测网络结合，在水汽通道入口处、中段和末端均布设 GPS 水汽观测仪。

6.3　河谷大气温、湿垂直结构

多通道微波辐射计采用遥感手段观测大气的温度和湿度，需要对多通道微波辐射计反演的温、湿度可靠性进行验证。本次科考于 2019 年 5 月 13 ～ 19 日在藏东南站共释放了 36 次无线电探空，利用这些无线电探空的观测资料对多通道微波辐射计反演的 0 ～ 10 km 共计 58 层大气的温、湿度进行了对比验证工作。图 6.1 为无线电探空和多通道微波辐射计的 58 层大气温度和水汽混合比的散度密度图，温度拟合直线斜率为 1.01，表明其吻合得很好，两者的均方根误差（RMSE）为 2.45K，平均偏差（MB）为 –0.98K，决定系数（R^2）高达 0.99，具有很高的相关性；水汽混合比拟合斜率为 0.78，

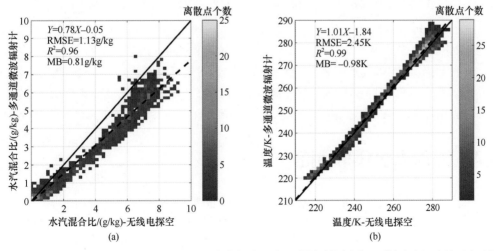

图 6.1　藏东南站 2019 年 5 月 13 ～ 19 日无线电探空和多通道微波辐射计观测的水汽混合比（a）和温度（b）廓线的散度密度分布图

其 RMSE 和 MB 分别是 1.13g/kg 和 0.81g/kg，决定系数（R^2）高达 0.96。研究认为，多通道微波辐射计反演的温度与无线电探空真实值均呈高度的线性相关，温度的散点大部分分布在 1∶1 线附近，多通道微波辐射计反演的水汽混合比与无线电探空观测也呈高度的线性相关，散度分布较密集，虽然拟合斜率小于 1，但多通道微波辐射计反演结果与真实值存在一个系统性的偏差，今后可以对多通道微波辐射计湿度的系统偏差进行校正。

图 6.2 分别给出沿水汽通道入口处、中段和末端的三台多通道微波辐射计观测的 TCWV 的比较，可以看出卡布站的 TCWV 普遍比墨脱站的 TCWV 高，而水汽通道末端藏东南站的 TCWV 比墨脱站的明显偏低，藏东南站 TCWV 平均为墨脱站 TCWV 的一半，而处在中段的卡布站并没有受到地形的影响，三台多通道微波辐射计观测的 TCWV 比较结果说明，地形对从南方输送到林芝地区的水汽有明显的影响，相反在干季卡布站的 TCWV 却要高于墨脱站，可能是局地对流引起水汽在卡布站聚集。

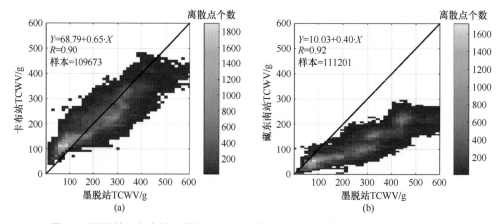

图 6.2　墨脱站、卡布站和藏东南站三台多通道微波辐射计观测的 TCWV 的对比

（a）卡布站和墨脱站的对比；（b）藏东南站和墨脱站的对比。以上数据基于 2018 年 11 月～ 2019 年 4 月的观测数据

图 6.3 分析了雅鲁藏布大峡谷入口（墨脱站）、中段（卡布站）、末端（藏东南站）3 个测站观测的 TCWV 的月平均日变化，藏东南站的月平均 TCWV 是三个测站中最小的，墨脱站的 TCWV 日变化要强于卡布站和藏东南站，藏东南站和卡布站没有显著的日变化。墨脱站的 TCWV 在 7∶00 达到最小，之后快速上升，比较三个测站可以看出，随着海拔增加 TCWV 日变化幅度减小。

6.4　河谷降水分布特征

雅鲁藏布大峡谷地区地形复杂，降水空间变化大，要想准确获得山地地区降水的空间分布难度较大。张文霞等（2016）利用三套再分析资料分析了雅鲁藏布江流域夏季降水的特征，指出不同资料给出的降水空间分布一致，但再分析资料的降水平均为观测的 2 倍左右，普遍强于观测值。复杂山地采用架设雨量筒的方法很难获得准确的区

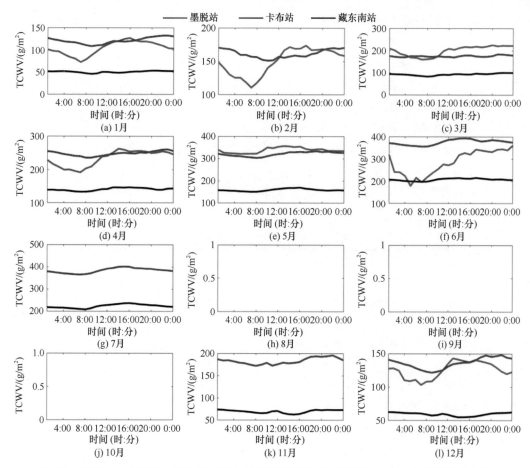

图 6.3　墨脱站、卡布站、藏东南站三台多通道微波辐射计观测的 TCWV 的月平均日变化

域分布。近年来迅速发展的卫星观测为全球乃至区域性的降水估算提供了重要的手段，但卫星降水由于多为全球产品，空间分辨率较低，一些研究学者采用卫星和地面观测相结合的手段估算复杂山地的降水，如采用动力降尺度和统计降尺度方法，动力降尺度方法采用数值天气和气候模型，其需要的计算量比较大，而统计降尺度方法相对更容易实现，一般仅需要建立粗网格的降水产品和细网格自变量的统计关系，再利用统计关系和细网格自变量估算细网格的降水。Zhang 等（2019）采用随机森林树方法建立卫星降水和经纬度、海拔、坡度、坡向、NDVI 的关系，再利用自变量和因变量建立的关系构建澜沧江流域较高分辨率的降水空间分布。需要注意的是，由于建立的统计关系一般只适用一个地区，所以针对特定区域必须重新建立统计关系。

另外，动力降尺度采用的数值模拟方法对青藏高原地区降水偏高估计可能与地形对对流的影响有关，另外也与模型中对流云的参数化有关。为了分析水汽通道的水汽输送对该地区降水的影响，2018 年科考分队沿雅鲁藏布大峡谷地区布设了 12 个雨量筒，用于研究大峡谷地区降水量的时空变化，表 6.1 给出各个雨量筒观测站的详细信息。最南部的雨量筒位于墨脱南部边境地区的西让站，该站距离西让村约 1 km。

最北部的雨量筒位于林芝的排龙站。从 2018 年 11 月 1 日累积降水量的结果来看（图6.4），位于帕隆藏布大峡谷的丹卡站观测的降水量最少，位于水汽通道入口处的西让站观测的累积降水量超过了 8240 mm（截至 2019 年 10 月 15 日），该站是中国已知最大年降水量的站点。雅鲁藏布大峡谷内其他地区的累积降水量不超过 3200 mm（截至2019 年 7 月 20 日），较西让站的累积降水量少得多。K80 站是雅鲁藏布大峡谷内除西让站外累积降水量最大的站点，该站位于嘎隆拉山的南坡，受到山峰对水汽的抬升阻挡作用，该站的降水要高于其他站点。而排龙站和丹卡站则位于嘎隆拉山的北坡，水汽较难翻越嘎隆拉山而直接到达这两个站点，排龙站和丹卡站的累积降水量最少。分布于该地区的雨量筒将为今后各类卫星降水、模拟降水变化等研究提供重要的观测检验值。

表 6.1　雨量筒观测站的详细信息

站名	经度（°E）	纬度（°N）	海拔 /m
西让	94.89	29.04	511
背崩	95.17	29.24	865
亚让	95.28	29.29	757
墨脱	95.32	29.31	1279
米日	95.41	29.41	830
卡布	95.45	29.47	1421
东仁	95.45	29.53	1149
K80	95.49	29.65	2100
喜荣沟	95.58	29.71	2750
丹卡	95.68	29.89	2709
排龙	95.01	30.04	2042

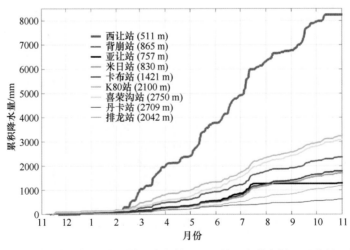

图 6.4　西让站、背崩站、亚让站、米日站、卡布站、K80 站、喜荣沟站、丹卡站、排龙站各站累积降水量（起始累积时间 2018 年 11 月 1 日）

　　不少气象学者对包括雅鲁藏布大峡谷在内的雅鲁藏布江流域未来降水预测与评估做了大量研究。赵智超（2017）评估了 4 个全球模式（GCMs）预估的雅鲁藏布江流域 2041 ～ 2070 年的降水量，大部分 GCMs 的年预测变化在 –10% ～ 10% 且多呈现年降雨增加，RCP8.5 情景下的 CanESM2 模式年降水量增加幅度最大（13.1%）。春季的降雨变化幅度较大，其中 6 种情况显示降雨为增加，增加幅度最大的是 RCP8.5 情景下的 CanESM2 模式，增加幅度为 35.5%，增加幅度最小的是 RCP2.6 情景下的 BCC-CSM1-1 模式（12.5%）。夏季的降雨变化幅度都不大，其中 4 种情况显示降雨为小幅度增加，4 种情况为小幅度减小。增加幅度最大的是 RCP8.5 情景下的 CanESM2 模式（9.9%）。秋季的降雨变化幅度最小，绝大部分集中在 –5% ～ 5%，而且大部分的变化都显示秋季降雨减少。前 6 种情况都显示秋季降雨减少，其中 RCP2.6 情景下的 GISS-E2-R 模式减少幅度最大，为 4.7%。冬季降雨变化的幅度最大，且都显示冬季降雨在大幅度增加，其中 RCP8.5 情景下的 CanESM2 模式增加幅度最大，达到了 72.1%。聂宁等（2012）研究指出，雅鲁藏布江流域降水未来将出现短时间的减少波动，但较长时间内仍将保持增加趋势。就流域多年平均降水量而言，未来流域多年平均降水量将高于 1978 ～ 2009 年的多年平均值，未来较长一段时间内，雅鲁藏布江流域的气候因子将保持暖湿化的走势，而张文霞等（2016）分析指出，近 30 年该流域夏季降水无显著趋势。由于缺乏地面降水真实的观测值，这些气候模拟的结果还没有进行过严格的验证工作。

　　为了分析不同雨量筒站点对于雅鲁藏布大峡谷地区的代表性问题，这里采用 GPM-IMERGE V3 降水产品对雨量筒站点所在像元与该地区的所有像元的相关性做了分析（图 6.5），结果表明，喜荣沟站和 80K 站附近的像元对于该地区的降水有较好的代表性。另外，分析了年降水量随海拔的变化，雨量筒的观测结果显示，在 2700 m 左右有一个降水次峰值，喜荣沟站和 80K 站的海拔也比较接近 2700 m。雅鲁藏布大峡谷地区年降水量随海拔变化呈现"双峰"形，最大峰值在海拔 500 m 左右的地区，次峰值集中在

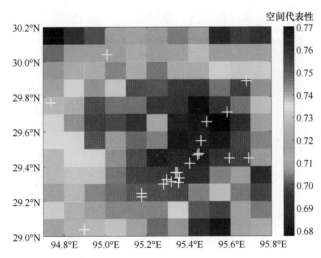

图 6.5　采用 GPM-IMERGE V3 数据计算得到雅鲁藏布大峡谷每个像元的空间代表性

值越大表示越能代表该区域的降水特征，白色"＋"显示雨量筒的架设地点

海拔 2700m 的地区。利用雅鲁藏布大峡谷地区的雨量筒观测结果分析发现，并非每次降水过程都能覆盖整个雅鲁藏布大峡谷地区，图 6.6 挑选出了四次降水过程，结果显示，2019 年 7 月 11 日和 9 月 23 日的降水区域主要分布在雅鲁藏布大峡谷内，这种降水的空间分布特征明显受到雅鲁藏布大峡谷地形的影响。区别于以往对于地形和降水的研究，本书研究认为，降水多分布在山脊而非山谷中，雅鲁藏布大峡谷呈现的较大的降水特点显著区别于其他地区。

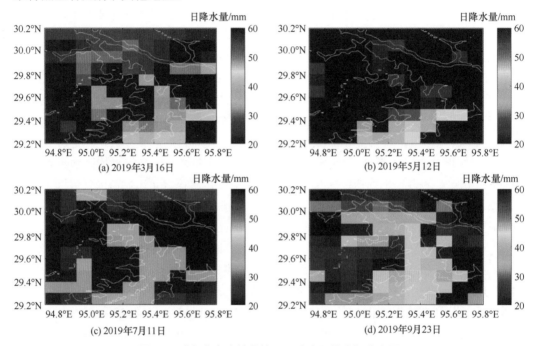

图 6.6　雅鲁藏布大峡谷地区日降水量的空间分布图
白色线为地形高度等值线

6.5　水汽输送结构及其降水特征综合分析

图 6.7 给出墨脱站和卡布站观测整层 TCWV 与降水的变化，墨脱站 5 月平均 TCWV 要高于卡布站，两个站的 TCWV 增加和减少变化信号基本一致，反映出水汽从南向北经过雅鲁藏布大峡谷影响两个站 TCWV 的变化，只是墨脱站海拔低，处于水汽通道的南部，该站的 TCWV 变化幅度要大于卡布站。两个站的降水大部分都同时发生，极个别时间卡布站的降水量要比墨脱站的降水量大，这可能是由于卡布站处于雅鲁藏布大峡谷的高海拔地区，其受地形的阻挡作用要强于墨脱站，5 月 4 日卡布站的一次降水量要大于同时段墨脱站的降水量，而且降水事件发生前该站的 TCWV 增加速度要大于墨脱站。

为了分析山谷地形对垂直大气的水热结构的影响，图 6.8 对比分析了三台多通道微波辐射计观测的气温、相对湿度、液态含水量、水汽密度的高度－时间变化，时间

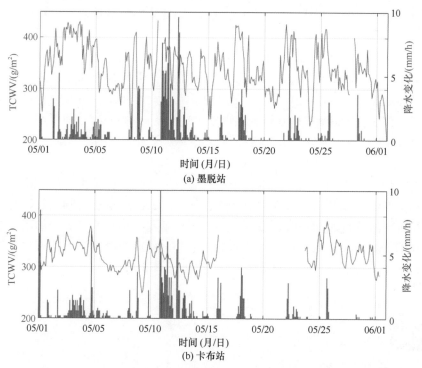

图 6.7　墨脱站、卡布站多通道微波辐射计观测的 TCWV 与降水的变化（时间段取 2019 年 5 月 1 日～6 月 1 日）

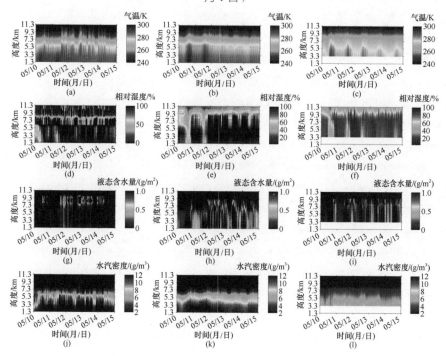

图 6.8　墨脱站 [(a)(d)(g)(j)]、卡布站 [(b)(e)(h)(k)]、藏东南站 [(c)(f)(i)(l)] 多通道微波辐射计观测的气温、相对湿度、液态含水量、水汽密度的高度–时间变化（时间段取 2019 年 5 月 10～15 日）

段取 2019 年 5 月 10 ～ 15 日，在这段时间三个站点均有连续的观测资料。墨脱站的海拔为 1279m，卡布站的海拔为 1421m，藏东南站的海拔为 3330m。对比三个站点温度的高度 – 时间变化可以看到，藏东南站白天和夜晚不同的地面加热对垂直大气的影响也显著不同，而墨脱站和卡布站没有显示出明显的白天和夜晚加热的差异。从水汽密度和相对湿度可以看出，墨脱站、卡布站的对流层大气要比藏东南站的对流层大气湿润得多。卡布站的液态水可以从近地层向上扩展到 9 km 的高度，而墨脱站和藏东南站的液态水多分布在 8 ～ 9 km 的高度。因此，地形对垂直大气的温、湿结构有显著影响，青藏高原地区白天和夜晚加热的差异性更明显。

今后还应结合观测的水汽输送和云的动态发展变化进行更深入的对比分析研究，可借助雨滴谱仪、雨量筒和云雷达进行联合观测，云雷达可以观测层云、对流云的垂直结构和云团的垂直速度，而雨滴谱仪可以观测雨滴大小和速度的变化，雨量筒能够反映对应的雨滴谱大小和云结构引起的降水多少，多通道微波辐射计可观测水汽输送的动态变化。

参考文献

刘黎平, 谢蕾, 崔哲虎. 2014. 毫米波云雷达功率谱密度数据的检验和在弱降水滴谱反演中的应用研究. 大气科学, 38(2): 223-236.

聂宁, 张万昌, 邓财. 2012. 雅鲁藏布江流域 1978—2009 年气候时空变化及未来趋势研究. 冰川冻土, 34(1): 64-71.

张文霞, 张丽霞, 周天军. 2016. 雅鲁藏布江流域夏季降水的年际变化及其原因. 大气科学, 40(5): 965-980.

赵智超. 2017. 气候变化下基于 SWAT 模型的雅鲁藏布江流域水文研究. 杭州: 浙江大学.

Liu L, Ruan Z, Zheng J, et al. 2017. Comparing and merging observation data from Ka-band cloud radar, C-band frequency-modulated continuous wave radar and ceilometer systems. Remote Sensing, 9(12): 1282.

Liu L, Zheng J. 2019. Algorithms for doppler spectral density data quality control and merging for the Ka-band solid-state transmitter cloud radar. Remote Sensing, 11(2): 209.

Zhang J, Fan H, He D, et al. 2019. Integrating precipitation zoning with random forest regression for the spatial downscaling of satellite-based precipitation: a case study of the Lancang-Mekong River basin. International Journal of Climatology, 39: 3947-3961.

Zhao Y, Xu X, Ruan Z, et al. 2019. Precursory strong-signal characteristics of the convective clouds of the Central Tibetan Plateau detected by radar echoes with respect to the evolutionary processes of an eastward-moving heavy rainstorm belt in the Yangtze River Basin. Meteorology and Atmospheric Physics, 131(4): 697-712.

Zheng J, Liu L, Zhu K, et al. 2017. A method for retrieving vertical air velocities in convective clouds over the Tibetan Plateau from TIPEX-III cloud radar doppler spectra. Remote Sensing, 9(9): 964.

第 7 章

雅鲁藏布大峡谷水汽输送对三江源区
陆 - 气系统水分循环过程的影响

本章将首先回顾三江源自然保护区（简称三江源区）陆－气系统水分循环过程对"亚洲水塔"的重要性，从水分循环的角度分析三江源区陆－气系统水分循环过程对黄河、长江等河流的影响。然后，重点分析雅鲁藏布大峡谷水汽输送对三江源区陆－气系统水分循环过程的影响，包括三江源区陆－气间水热交换参量对区域水分循环的重要性和雅鲁藏布大峡谷水汽输送对三江源区陆－气间水热交换关键参量的影响。最后，总结雅鲁藏布大峡谷水汽输送对三江源区大气中水分循环的影响。

三江源区是青藏高原的核心区，位于青藏高原腹地的青海省南部（31°39′～36°16′N，89°24′～102°23′E），是长江、黄河、澜沧江的发源地。三江源区面积超过 200 km² 的大型湖泊有 10 个，冰川有 753 条，这对我国主要江河的水量有重要影响。该区域是青藏高原主体大地形与我国东部平原的过渡区，且处于孟加拉湾、南海以及西太平洋地区向长江中下游、西北和华北地区输送水汽的通道上。夏季受热带、副热带季风以及青藏高原季风的共同影响，水汽在三江源区辐合、转向，然后向西、向北输送，同时该区域也是低涡、切变线等青藏高原天气系统活跃的地区。三江源区以其特殊的地理位置和地表的加热作用成为青藏高原"大气泵"中心，通过"抽吸"西南暖湿气流而在此地形成降水，因此该区域从水汽收支上来说是一个常年水汽汇，是整个青藏高原降水量最多的区域之一，为长江－黄河－澜沧江提供了丰富的水源（权晨，2014）。

三江源区的水分循环是形成与维持三江源区现有气候状态的重要组成部分，对局地和三条大江大河中下游水分循环起到非常重要的作用。它通过降水过程影响土壤湿度、蒸散发、径流等陆面过程关键性变量，从而改变陆地生态、辐射传输等过程，使其气候状态发生改变。据统计，黄河总水量的 49%、澜沧江总水量的 15% 和长江总水量的 25% 都来自三江源区（马艳，2006），并且近年来三江源区雪山和冰川后退、湖泊和湿地萎缩甚至干涸、沙化和水土流失面积扩大、荒漠化和草地退化问题日益突出、水源涵养能力急剧减退，导致三江源区下游广大地区干旱和洪涝灾害频发，直接威胁到整个长江和黄河流域（张永勇等，2012）。水汽输送作为一种外部的能量强迫，影响局地的水分循环，从而将进一步影响下游地区。三江源区的水汽主要来源于印度洋、阿拉伯海、南海和西太平洋，此外还有北部由西风带挟带的水汽。权晨等（2016）也指出，夏季三江源区短时输送（6 天内）的水汽主要来自青藏高原及其西北内陆地区，而更长时间（8～10 天）的水汽输送可以追踪到阿拉伯海和孟加拉湾等区域。也就是说，水汽输送路径一支为沿着索马里海到阿拉伯海的跨赤道水汽输送，另一支为在西风控制下从中亚乃至西亚地区向三江源区的水汽输送。

所以，三江源区作为青藏高原重要的水汽源汇区，其水分循环过程不仅对局地有着重要影响，同时也向黄河、长江等河流输送水汽，也会影响黄河、长江等流域的水分循环。

7.1　三江源区陆 – 气系统水分循环过程对黄河、长江等河流的影响

三江源区的水汽输送是黄河、长江等流域主要的水汽来源，对流域下游有着重要影响，所以三江源区水分循环的变化会造成其对黄河、长江等流域的水汽输送的变化，从而影响流域陆 – 气系统水分循环的关键性参数。三江源区雨季的水汽输送方向大致为由西向东，由长江和澜沧江源区流入，从黄河源区东部流出。长江源区的水汽输送强度较黄河源区和澜沧江源区而言小，其西北部出现三江源区水汽输送强度最小的区域（张宇等，2019）。图 7.1（a）和图 7.1（b）分别为黄河、长江源区多雨与少雨年的整层大气水汽含量差值场，图 7.1（c）和图 7.1（d）分别为黄河、长江源区多雨与少雨年的整层大气水汽输送差值场（王可丽等，2006）。黄河、长江源区的水汽输送格局较为相似，在多雨年和少雨年，偏南风输送的加强要明显大于偏西风输送的减弱，使得总输送增强，

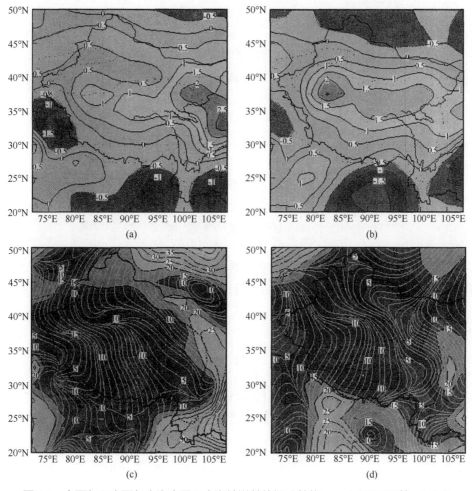

图 7.1　多雨年和少雨年水汽含量和水汽输送差值场（单位：mm）（王可丽等，2006）
(a) 黄河源区水汽含量；(b) 长江源区水汽含量；(c) 黄河源区水汽输送；(d) 长江源区水汽输送

流向的变化较明显。

张永勇等（2012）对 1958～2005 年三江源区水分循环过程进行了分析，模拟和检测了黄河源区唐乃亥站、长江源区直门达站以及澜沧江源区昌都站汛期、非汛期和年径流量的变化趋势（图 7.2），并检测 CSIRO 和 NCAR 两种气候模式在 A1B 和 B1 排放

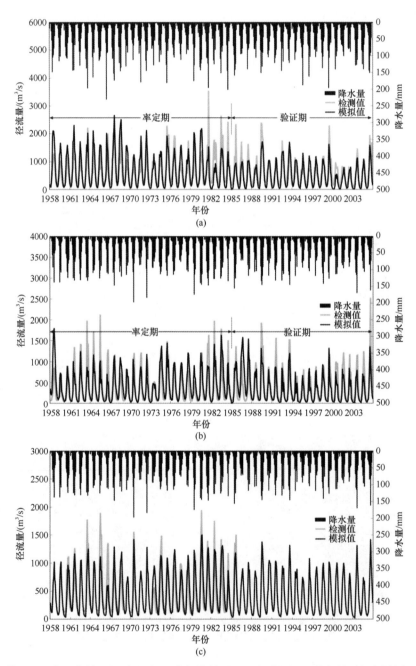

图 7.2　黄河源区唐乃亥站（a）、长江源区直门达站（b）和澜沧江源区昌都站（c）径流过程模拟和检测（张永勇等，2012）

情景下，2010～2039 年源区出口断面的径流演变趋势。他们的研究表明，过去 48 年三江源区出口唐乃亥站年径流和非汛期径流量呈显著减少趋势，而直门达站和昌都站径流量变化趋势并不显著。这将导致对黄河中下游地区的水资源补给显著减少，加剧黄河流域水资源短缺。气候变化背景下，未来 30 年黄河源区径流量与现状相比有所减少，尤其是在非汛期，这将持续加剧黄河中下游流域水资源短缺的现象。长江源区径流量将呈现出增加的趋势，而且远远高于现状流量，尤其是在汛期，说明长江中下游地区防洪形势严峻。澜沧江源区未来 30 年径流量均高于现状流量，但汛期和年径流变化并不显著，而非汛期径流变化存在不确定性。

　　黄河流域 81% 的降水来自外部的水汽输送，黄河上游降水水汽主要来自青藏高原，在西风的输送作用下，上游为下游提供了大量的水汽（康红文等，2005）。Sun 和 Wang（2015）基于 FLEXPART 模型在 2000～2009 年的模拟结果指出，长江中下游降水的主要来源包括青藏高原在内的陆地蒸发。虽然在土壤含水量的影响下，上游地区的降水量与下游地区的河流径流量存在明显的滞后性，但有研究表明，三江源区降水量的变化会导致下游径流量的变化（Zheng et al.，2018）。当三江源区湿地面积增加时，地面反照率降低，热容量增加，感热输送减弱，对大气的湍流加热减小，从而导致该区域上空的大气温度降低，对应的上升运动减弱，近地层等压面高度随之升高，降水减少（马艳，2006）。青藏高原气温降低致使青藏高原上空的气旋性环流加强，中下游地区降水增多（时兴合等，2007）。谢昌卫等（2003）的研究表明，近半个世纪以来，黄河源区径流量呈微弱的增加趋势，而长江源区径流量呈微弱的减小趋势，其雨季和过渡季节降水量、积雪融水量和高山冰雪融水量所形成的总径流量呈下降趋势。由此可见，三江源区的水分循环变化会导致长江、黄河等河流干旱或者洪涝等事件的发生。

7.1.1　三江源区水汽输送异常导致流域干旱

　　三江源区的水资源变化直接影响到地表生态环境和湖泊、冰川以及湿地等地表蓄水系统，从而导致向下游输送淡水资源的河流径流量发生变化（权晨，2014）。例如，玛多县境内原有天然湖泊 4077 个，但如今已有 2000 多个湖泊干涸，大面积沼泽因缺乏水源补给而枯竭（阿怀念等，2003）。有研究表明，黄河中下游和长江中下游断流日期逐年增多，黄河在 1997 年首次出现断流（何友均和邹大林，2002）。此外，图 7.3 显示了 1984～2006 年青藏高原观测降水量、模拟蒸发量、径流和土壤水分的变化情况。总的来说，在青藏高原中部，降水量和蒸发量都呈上升趋势；青藏高原南部和东部，降水量减少，而蒸发量呈增加趋势。这意味着，如果冰川融化的加剧被排除在总流量之外，青藏高原的水资源会减少。青藏高原西部降水量减少，太阳辐射增强，降水几乎全部用于蒸发（Yang et al.，2014）。

7.1.2　三江源区水汽输送异常导致流域洪涝

　　虽然在全球变暖的大环境下，水汽输送异常以及蒸发过多、径流减小等因素会导

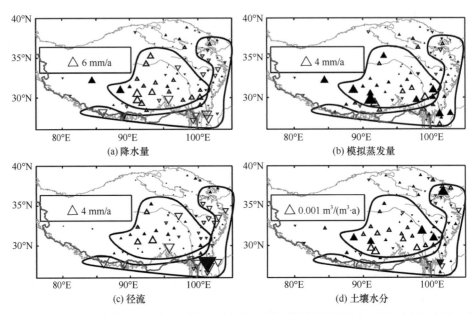

图 7.3　1984～2006 年青藏高原气象观测站观测降水量（a）、模拟蒸发量（b）、径流（c）和土壤水分（d）
年平均值的趋势变化（Yang et al.，2014）

△表示增加，▽表示减少；实心三角形符号表示通过 t 检验的趋势（$P<0.05$），其大小表示趋势的大小

致干旱事件的发生，但是水汽输送异常往往还会导致下游洪涝的发生。Xu 等（2008，2014）在研究中指出，青藏高原的水汽含量和降水的增加有可能会加剧下游地区的洪涝灾害。而周长艳等（2015）研究分析了 2013 年 7 月 7～12 日四川特大暴雨灾害过程中的降水变化特征及其水汽来源，结果也印证了青藏高原水汽输送异常会造成下游暴雨洪涝。

　　有研究指出，长江上游年径流量随着青藏高原东部降水量的增加而增加。在未来数十年或更长时间，青藏高原东部若出现最不利的气温显著升高且降水量大幅减少的"暖–干"气候组合，则长江上游水资源将会大幅度减少；若出现气温变化不大而降水量增幅较大的"冷–湿"气候组合，则长江上游水资源将会有较大幅度增加（王顺久，2008）。岑思弦等（2012）在研究中阐述了三江源区降水量与长江上游金沙江径流量的关系。从直门达站径流量与降水量的相关图（图 7.4）中可以看出，其径流量与三江源区降水量有很好的相关性，大部分地区相关系数都通过了 99% 信度检验。为了进一步研究金沙江流域径流量与降水量之间的响应关系，选取三江源区作为影响直门达站径流量的关键降水区，并进行了关键区降水量与径流量的同期相关性研究，相关系数达到 0.644，远远超过 99% 信度检验。所以，影响金沙江源头径流量的降水区主要在三江源区，应将该区域作为影响金沙江源头径流量的关键降水区。由此可见，三江源区的降水量对金沙江流域干流源头径流量有很大影响，当伊朗高原至青藏高原中西部地区上空的西风水汽输送加强（减弱）时，三江源区的降水量将增加（减少），从而有利于金沙江流域源头径流量增加（减少）。

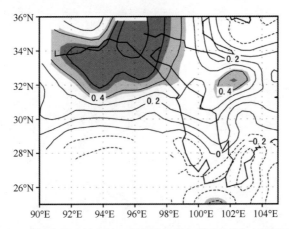

图 7.4　金沙江流域直门达站径流量与降水量的同期相关图（岑思弦等，2012）

浅色阴影区通过 95% 信度检验；深色阴影区通过 99% 信度检验

7.1.3　雅鲁藏布大峡谷向三江源区输送的水汽时空变化特征

进入三江源区的水汽输送以西南暖湿气流输送最为重要，其挟带来自孟加拉湾的水汽，从南边界进入三江源区，三江源区降水减少最主要的原因就是来自南边界的净水汽输入减少，也就是说，西南水汽输送对三江源区的降水影响明显（李生辰等，2009）。而在西南暖湿气流的输送中，雅鲁藏布大峡谷水汽通道起着重要作用。雅鲁藏布大峡谷水汽通道是印度洋暖湿气流经布拉马普特拉河—雅鲁藏布江，至青藏高原腹地的必经之地。经此通道向青藏高原输送的水汽量远大于青藏高原外围各处向青藏高原输送的水汽量。由孟加拉湾而来的暖湿水汽沿着布拉马普特拉河，以接近 2000 g/(cm·s) 的水汽输送强度逆江而上，当在印度东北平原中部途中遇上海拔 2000 m 左右的卡西低山脉时，由于首次的地形阻挡作用，湿热气流留下大量水分和热量，导致位于山前的乞拉朋齐成为世界上年降水量最多的地区，可以达到 10000 mm 以上（杨逸畴等，1987）。越过卡西低山继续北上的水汽，最终遇上青藏高原和喜马拉雅山的迎面横空阻挡，一部分高层气流越过喜马拉雅山的低山口进入青藏高原，大部分水汽被迫抬升形成地形雨，使喜马拉雅山的南坡成为世界著名的高湿多雨区。与此同时，受青藏高原和喜马拉雅山阻挡的大量暖湿气流横向运移，而雅鲁藏布大峡谷就成为水汽得以进入青藏高原的天然通道，然后沿雅鲁藏布江下游逆江北上。其水汽输送强度与夏季由长江南岸向北岸的水汽输送强度相当。沿雅鲁藏布大峡谷向北输送的水汽到达雅鲁藏布大峡谷顶端后，大部分 [500 ～ 750 g/(cm·s)] 沿它的支流易贡藏布向西北方向输送，另外一部分 [300 ～ 400 g/(cm·s)] 则沿帕隆藏布向偏东方向输送。估计雅鲁藏布江中游向西输送的水汽量在 300 g/(cm·s) 左右（高登义，2008）。

高登义等（1985）在研究中，对雅鲁藏布江水汽通道的存在和作用做了详细的

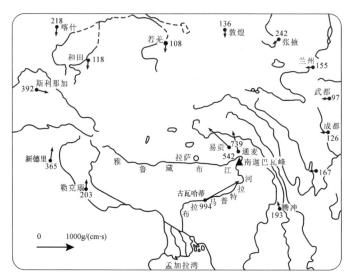

图 7.5　青藏高原四周向青藏高原腹地水汽输送示意图 [单位：g/(cm·s)]（高登义等，1985）

研究。如图 7.5 所示，整个青藏高原外围向青藏高原输送的水汽中，以布拉马普特拉河—雅鲁藏布江（经雅鲁藏布大峡谷）输送的水汽量为最大，达 500 ～ 1000 g/(cm·s)，青藏高原外围其他诸站向青藏高原输送的水汽量仅有 100 ～ 300 g/(cm·s)。由此可见，雅鲁藏布江水汽通道对青藏高原的水汽输送量是所有对青藏高原的水汽输送量中最大的。这条水汽通道输送水汽先沿布拉马普特拉河向东北运移，后经雅鲁藏布江下游向北运移，到达雅鲁藏布大峡谷顶端后，一部分水汽量 [500 ～ 750 g/(cm·s)] 沿它的支流易贡藏布向西北方向输送，另一部分 [300 ～ 400 g/(cm·s)] 则沿帕隆藏布向偏东方向输送，雅鲁藏布江中游向西输送的水汽量在 300 g/(cm·s) 左右。

图 7.6 显示了青藏高原东南部及其邻近地区的年降水量分布情况（高登义等，1985）。孟加拉湾暖湿气流登陆后形成第一个强降水带，年降水量达 3000 ～ 4000 mm；继而往北输送到印度东北部卡西低山（海拔 610 ～ 1830 m）南麓处，受地形抬升作用，在乞拉朋齐形成降水，年降水量高达 10870 mm；之后气流受喜马拉雅山脉走向影响，溯布拉马普特拉河北上，在雅鲁藏布大峡谷以南形成一个大的降水带，中心降水量达 4000 mm 以上。1000 mm 年降水量等值线由青藏高原南侧向北伸展，沿大峡谷至易贡附近，宛如一条湿舌，由孟加拉湾一直伸向大峡谷顶端北侧。沿此湿舌向西北伸展至念青唐古拉山南麓的嘉黎，当地年降水量接近 700 mm，远高于同纬度青藏高原上其他各站年降水量。但该研究使用的是 1983 年 7 ～ 8 月两个考察站的资料，选取站点较少，时间较短，资料较少，所以结论可能与使用多年数据得出的有差距。

许健民等（1996）也指出了雅鲁藏布江在水汽输送中的作用，他基于 1995 年 6 月 13 日～ 7 月 10 日 GMS-5 每小时一次的水汽图像，提出青藏高原地区水汽的汇集主要通过以下四种方式：水汽从青藏高原东南方的雅鲁藏布大峡谷等地进入青藏

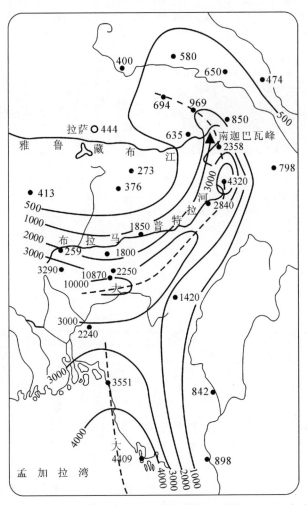

图 7.6　青藏高原东南部及其南侧地区年降水量分布图（单位：mm）（高登义等，1985）

高原；从青藏高原西南方越过喜马拉雅山进入青藏高原；从帕米尔高原及其以北地区经过塔里木盆地后进入青藏高原；对流活动引起水汽在青藏高原上空积聚。江吉喜和范梅珠（2002）利用 17 年的静止气象卫星的红外云顶亮温数据分析青藏高原及周边的水汽输送和对流活动，结果表明，整个青藏高原上红外云顶亮温均处于 0℃以下，云系活动频繁；35°N 以南红外云顶亮温低值达 –16℃以下，对流云非常强盛，内嵌的最强对流云活动中心位于拉萨市东部附近的雅鲁藏布江上游地区，次中心在甘孜理塘一带，也就是说，在雅鲁藏布江上游和甘孜理塘一带有两个湿中心。从 CloudSat 卫星也观测到无论是夏季季风季节还是冬季西风带控制的季节，雅鲁藏布大峡谷地区都是青藏高原云发生频率最高的地区之一 (图 7.7)，也即对流活动最频繁的地区之一，这种对流活动能不断地把大峡谷南边的水汽抽吸输送到三江源地区。

前人的研究很好地论证了雅鲁藏布江水汽通道的存在和作用。这条通道作为青藏高原周边最为重要的水汽通道，将孟加拉湾的水汽输送到青藏高原，不仅在沿途受到

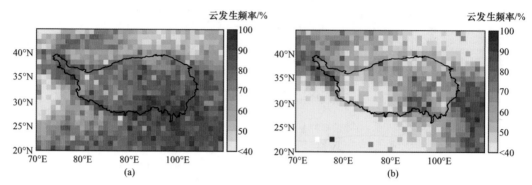

图 7.7　季风季节（5~9 月）（a）和西风季节（10~4 月）（b）的云发生频率分布图（Kukulies et al.，2019）
基于 CloudSat 卫星 2006~2011 年的 2B-GEOPROF 和 2B-GEOPROF-LIDAR 产品统计得到，黑色实线为海拔 3000 m 的青藏高原边界

地形等因素的影响而产生降水带，还对三江源区的水分循环有着重要作用，对其降水有着重要影响。

7.2　雅鲁藏布大峡谷水汽输送对三江源区陆－气系统水分循环过程的影响

　　地处青藏高原腹地的三江源区是黄河、长江和澜沧江的发源地，也是我国重要的水源涵养区和生态屏障，还是全球变化的敏感地区。20 世纪末，气候变化和人类活动引起植被退化、源区径流减少；自国家启动退牧还草等生态治理工程以来，源区草地和湖泊面积扩大、径流量开始增加。如何定量区分气候和下垫面变化对该地区径流变化的贡献，不仅是水分循环研究的前沿科学问题，也是变化环境下合理规划水资源调度和水安全管理的阶段性可持续发展战略的科学依据。

7.2.1　三江源区陆－气间水热交换参量对区域水分循环的重要性

　　气候变化通过改变云层分布和大气辐射来影响地球的能量循环，进而影响陆地水循环。在气候变暖的情况下，可降水量和蒸散量（ET）的增加会导致更高的水灾和旱灾风险（Milly et al.，2002）。政府间气候变化专门委员会（Intergovernmental Panel on Climate Change，IPCC）的第五次评估报告表明（Pachauri et al.，2014），中纬度地区和热带潮湿地区的强降水事件极有可能增加，干旱强度和持续时间也可能在目前干旱地区增加。气候的变化和极端灾害事件的风险日益增加，迫切需要评估陆地水文的变化，以确保水和粮食安全，以及环境的可持续管理。然而，由于陆地表面模型（land surface model，LSM）的不确定性，导致模拟和预测水文循环与极端情况方面面临巨大挑战（Prudhomme et al.，2014）。

　　三江源区被称为"中华水塔"，因为它为下游地区的淡水供应、水电、工业、农业和环境可持续性发展提供资源，所以是中下游地区人民生产生活的重要保障。20 世纪 80 ～ 90 年代的气候变暖和干旱事件频发，加之密集的人类活动，导致三江源区水资源减少，草地退化甚至荒漠化。进入 21 世纪以来，我国启动了包括草场放牧、生态移民等三江源区保护工程。经过多年的环境保护，三江源区的草地和湖泊面积以及河川流量不断增加，生态环境有所改善。同时，21 世纪初，干旱区气候也转变为湿润气候（黄建平等，2013；李玥，2015）。然而，气候变化和土地覆盖变化对三江源区水文变化的影响是否更为显著尚不清楚。为此，Yuan 等（2018）在三江源区开发了高分辨率 LSM 模型，用多源观测（包括上游地区水文站的径流观测、原位土壤湿度和土壤温度）对其进行了验证，验证结果表明径流模拟和观测有较好的一致变化（图 7.8）。他们不仅评估了该模型在模拟从日到月的水文变化方面的性能，而且还评估了它在捕捉三江源区陆地水文长期变化方面的能力。文中使用一组耦合驱动的 LSM 模型相互比较项目第 5 阶段不同作用力下的模型，说明水文循环变化、人为和自然气候变化、土地覆盖变化的关系以及雅鲁藏布水汽输送对三江源区陆–气间水热交换关键参量的影响。通过加入可变容量入渗产流方案和考虑土壤有机质对水力性质的影响等，发展了适合复杂地形高分辨率模拟的陆面模式 CSSPv2。该模式对三江源区径流和土壤湿度的模拟能力显著提高，同时也较好地再现了源区陆地水循环各分量的变率和长期变化特征显著优于常用的全球再分析产品。基于 CSSPv2 模式 3km 模拟结果，给出了三江源区近

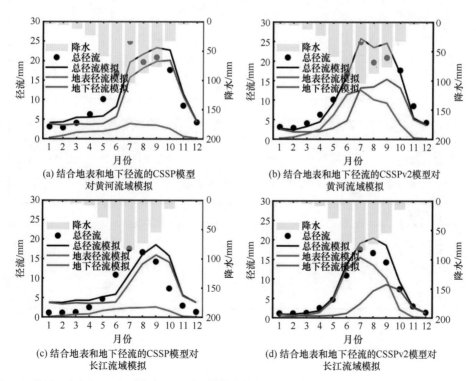

图 7.8　黄河和长江源区观测降水、观测及模拟的总径流以及模拟的地表径流和地下径流的气候态季节分布（Yuan et al.，2018）

40 年陆地水循环各分量的变化特征，并揭示了 20 世纪末到 21 世纪初三江源区由干转湿的年代际转折过程。对不同水循环要素变化的归因分析表明，虽然该地区地温、冻土等变化由人为气候变化主导，但河川径流、陆地水储量等变化主要受自然气候变化的影响。植被变化的贡献相对较小，在 10% 左右。这说明变化环境下三江源地区的水资源管理应以应对自然气候变化为主。近年来，由于多源观测的可用性、对精细尺度过程的理解和计算设施的改进，高分辨率建模成为一种流行的方法。然而，由于高地水循环对全球变暖的敏感性、热液过程的紧密耦合和观测的有限性，山区水文变化的模拟仍然是一个巨大的挑战。Ji 和 Yuan（2018）展示了一个成功的高分辨率（3km）陆地表面模拟（图 7.9），通过开发一个名为 CSSPv2 联合地表 – 地下过程模型的新版本，

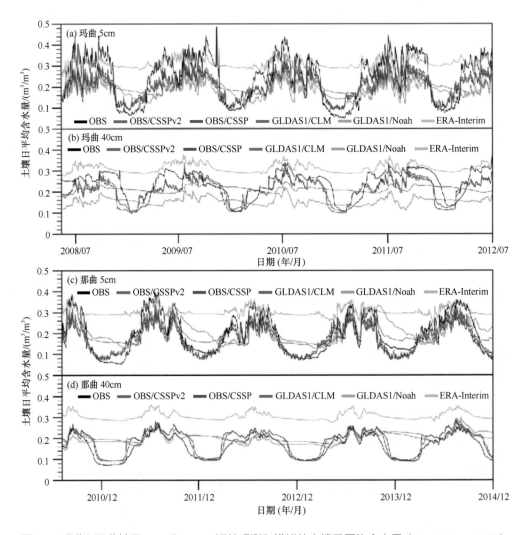

图 7.9　玛曲和那曲地区 5 cm 和 40 cm 深处观测和模拟的土壤日平均含水量（Ji and Yuan，2018）

黑线是观测值（OBS）；蓝线和红线是 CSSP 和 CSSPv2 的模拟值；绿线为 GLDAS1/Noah 的模拟值；淡蓝线为 ERA-
Interim 模拟值；棕线为 GLDAS1/CLM 模拟值

引入了基于存储的径流生成方案，在径流模拟中将 Nash-Sutcliffe 效率提高了 62% ～ 130%，土壤湿度模型的误差降低了 31%，并且考虑了土壤有机质对孔隙率和导水率的影响。与 ERA 中期和全球陆地数据同化系统 1.0 版再分析产品相比，CSSPv2 分别将土壤湿度、土壤温度、蒸散量和陆地储水量变化的误差降低了 30%、69%、92% 和 40%，这是根据现场和卫星观测对比得出的结果。此外，CSSPv2 很好地捕捉到了 1979 ～ 2014 年与海拔相关的地温变暖趋势和冰冻日期的减少，以及 1982 ～ 2011 年和 2003 ～ 2014 年蒸散量和地面蓄水量的显著增加趋势（P<0.05），而 ERA 中期和全球土地数据同化系统 1.0 版产品没有出现趋势，甚至没有出现负面趋势。这项研究表明，开发高分辨率地表模型的必要性真实地反映了青藏高原地区的水文变化的重要性，而且这些地区的确是气候变化的前哨。

　　受气候和土地覆盖变化的影响，东部三江源区陆地水文循环发生了显著变化。然而，由于观测资料稀少，模型和再分析数据的不确定性较大，没有对水文循环中不同组成部分（如径流、土壤湿度和温度、ET、总蓄水量）的变化进行可靠的系统分析（Yuan et al.，2018）。三江源区在过去几十年里经历了重大的水文和土地盖被变化。研究表明（Ji and Yuan，2018），自然气候变化对三江源区的水文变化（除低流量外）起主要作用，其次是人为气候变化，而土地覆盖变化对水文变化的贡献最小（图 7.10）。新开发的 CSSPv2 联合地表 – 地下过程模型在综合评估的基础之上，完成了一组由耦合模型相互比较工作。利用一个综合的水气候归因框架，发现人为气候变化导致了显著的地温升高和土壤冻结期缩短。然而，黄河源区年平均径流量和高径流量以及三江源区平均陆面蓄水量的显著下降趋势主要是由自然气候变化引起的，贡献率为 57% ～ 97%，土地覆盖变化贡献率不到 11%。研究还表明，三江源区及其下游地区水资源管理的适应比缓解更为重要，因为源头地区的自然气候变化大于人为气候变化。

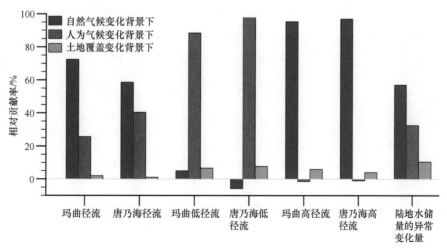

图 7.10　自然气候变化、人为气候变化以及土地覆盖变化对水文变化趋势的相对贡献
（Ji and Yuan，2018）

7.2.2 雅鲁藏布大峡谷水汽输送对三江源区陆－气间水热交换关键参量的影响

高登义（2008）指出，沿布拉马普特拉河—雅鲁藏布江是青藏高原四周向青藏高原腹地输送水汽的最大通道。由孟加拉湾来的暖湿水汽，沿着布拉马普特拉河以接近 1000 g/(cm·s) 的水汽输送强度逆江而上，然后再沿雅鲁藏布江下游逆江北上。水汽输送强度与夏季由长江南岸向北岸的水汽输送强度相当。沿雅鲁藏布大峡谷向北输送的水汽到达雅鲁藏布大峡谷顶端后，大部分沿支流易贡藏布向西北方向输送，另一部分则沿帕隆藏布向偏东方向输送。雅鲁藏布江中游向西输送的水汽量在 300 g/(cm·s) 左右。

沿布拉马普特拉河—雅鲁藏布江河谷的水汽输送方向正好与年降水量分布的"湿舌"一致，水汽输送强度与年降水量成正比：沿布拉马普特拉河—雅鲁藏布江谷地近 1000 g/(cm·s) 的水汽输送对应年降水量 10870 mm 和 4500 mm 的降水中心，沿易贡藏布 750 g/(cm·s) 的水汽输送对应这条"湿舌"的"舌端"。在这条水汽通道上，年降水量为 500 mm 的等值线可达 32°N 附近，而在这条水汽通道西侧，500 mm 降水量等值线的最北端仅为 27°N，两者相差 5 个纬距。这就意味着，这条水汽通道的作用，可以把等值的降水带向北推进 5 个纬距（高登义，2008）。

夏季印度洋暖湿气流经雅鲁藏布江下游河谷向青藏高原腹地输送的水汽量，居青藏高原外围各处向青藏高原输送的水汽量之冠。因而，布拉马普特拉河—雅鲁藏布江谷地是名副其实的青藏高原水汽通道。

青藏高原水汽通道所起的作用如下：

青藏高原东南部及其南侧地区年降水量分布呈现一条自孟加拉湾北岸溯布拉马普特拉河—雅鲁藏布江谷地而上的降水带，因而布拉马普特拉河—雅鲁藏布江谷地是名副其实的青藏高原水汽通道。它宛如"湿舌"，直伸至雅鲁藏布大峡谷顶端北侧。

雅鲁藏布大峡谷顶端北侧雨季起始月份与青藏高原南侧地区诸站雨季起始月份相同（两者都为 5 月）。这比同纬度青藏高原其他地区早一两个月。

雅鲁藏布江谷地内诸站的降水量主要依赖于溯江而上的水汽输送量的多寡，两者呈正相关，相关系数约为 0.7。

青藏高原水汽通道使印度洋暖湿气流不断向东北输送大量水汽，当副热带西风槽前的西南气流控制青藏高原东南部及其南侧地区时，不仅给青藏高原东南部及其南侧地区带来大量降水，而且还会在青藏高原东侧地区产生大面积暴雨。

7.3 雅鲁藏布大峡谷水汽输送对三江源区大气中水分循环的影响

水分循环是影响全球或区域尺度气候变化的主要因素。一方面，自然界的水分在太阳能、重力以及大气运动的驱动下，不断地从水面（江、河、湖和海等）、陆面（土壤等）和植物的茎叶面通过蒸散发，以水汽的形式进入大气圈，并随大气环流进行传输；另一方面，外部输送的水汽可以通过改变云的形态，影响地表辐射，或者通过降水的形式，影响局地能量循环和水分循环，从而引起一系列陆面过程各参量的改变及复杂的气候响应。所以，雅鲁藏布大峡谷所在的地理位置和充沛的水分条件，对三江源区乃至整个青藏高原和东亚地气系统水分循环产生巨大影响。

7.3.1　三江源区大气中水分循环与区域地气系统水分循环的关系

水汽在输送过程中通过降水的形式到达地表,在此过程中改变了局地的辐射、气温、地温、土壤湿度、蒸散发和径流等陆面过程关键性变量，但水汽输送对陆面过程关键性变量的影响具有一定的滞后性。外部的水汽输送以及局地水分内循环都会造成降水事件的发生，所以研究学者多基于降水的角度，分析三江源区降水对区域地气系统水分循环中蒸发、土壤湿度和径流等关键性变量产生的影响。

研究者针对三江源区土壤湿度和我国西南及东部降水的关系展开了一些研究工作。张雯等（2015）分析了中国东部降水与三江源区土壤湿度的关系，认为二者存在显著相关性，三江源区春季土壤湿度偏湿（干），则江淮流域夏季降水偏少（多）。中国春季降水与青藏高原东部春季土壤湿度有明显的关系，正相关地区范围大，主要集中于南方，即青藏高原下游地区的长江以及江淮流域，正相关系数可达 0.55 左右。同样，夏季青藏高原土壤湿度对同季中国降水的影响则以长江和黄河为界，表现为"正负正"的特征，北部的正相关区集中在华北北部和内蒙古中东部，辽宁西部则为正相关系数极大值区；而中纬度地区的青藏高原东部存在明显负相关关系，数值达到 –0.55 左右，江淮地区显现出零星分布的负相关关系。秋季青藏高原东部土壤湿度与中国东北地区以及青藏高原东侧的四川盆地秋季降水呈明显的同期变化特征，即青藏高原土壤湿度增加（减少），东北地区的降水也表现出增加（减少）趋势，不明显的负相关区域主要集中在陕西北部地区。此外,施晨晓（2017）分析了三江源区土壤湿度与西南地区降水量间的相关系数，认为全区内玛曲地区土壤湿度的年际振荡较明显，土壤湿度与降水量呈正相关，其他区域互有正负。

目前，三江源区内降水的变化是否导致径流呈现增加或减少的趋势还存在一定的分歧。一些学者认为随着降水的增加径流增加，而一些学者认为随着气温上升蒸发增加，径流呈现减小的趋势。蓝永超等（2005）认为，三江源中黄河源的地表径流量随降水的增加而增加，但增加的幅度有限，且随着气温上升而增加的蒸发量在很大程度上抵消了可降水量，呈现出径流量减少的趋势。常国刚等（2007）认为，20 世纪 90 年代以来三江源中黄河源径流量呈减少趋势，径流量年内分配表现为"单峰"形，降水量对径流量有着较为显著的影响。张永勇等（2012）利用水循环模型模拟了 1958 ～ 2005 年黄河源区四个站点汛期、非汛期和年径流量的变化趋势，认为出口唐乃亥站年径流量和非汛期径流量呈显著减少趋势，而直门达站和昌都站径流量变化趋势并不显著。张岩等（2017）分析了径流量和降水量的关系，认为三江源区大部分累积降水量和累积径流量呈显著线性正相关（图 7.11），径流量对降水量的响应关系存在明显的空间差异性，三江源区大部分的区域内径流量对降水量的长期响应关系并未发生明显变化，以稳定型为主，出现结论分歧可能是所用的观测资料和处理方式不同，以及所选取模型的差异导致。

孙琪（2018）利用遥感资料和蒸发模型分析了 2001～2015 年三江源区蒸散量的变化趋势，认为三江源区年际蒸散量与降水量呈正相关关系，各个源区的年均蒸散量排序为：澜沧江源 > 黄河源 > 长江源。局地土壤湿度的异常通过改变陆 - 气之间的水热能交换，影响地表蒸散，从而改变地表温度和低层大气温度，影响季风的路径和强度，最终改变水汽输送的路径和强度。

目前，三江源区大气中水分循环对局地系统水分循环的影响的工作多从降水的角度来分析，直接分析水分循环对土壤湿度、径流、蒸发影响的工作并不常见，因此在这方面还有很大的研究空间。

7.3.2　外部水汽输送对三江源区大气中水分循环的影响

研究者就三江源区水汽输送特征、变化特征，以及水汽输送变化对降水的重要作用展开了一些工作。大部分研究者肯定了西风带对三江源区水汽输送的重要作用，同

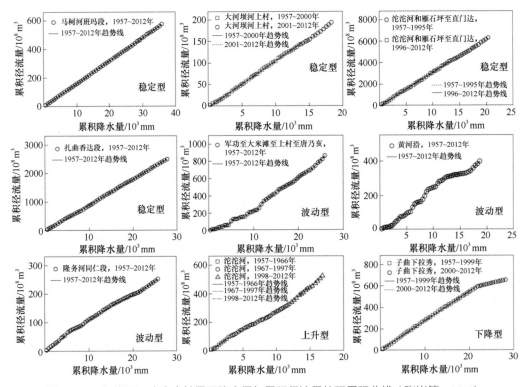

图 7.11　三江源区 9 个水文站累积降水量与累积径流量的双累积曲线（张岩等，2017）

时也强调南部水汽输送的重要性。雅鲁藏布江水汽通道位于三江源区西南部，对三江源区的水汽输送起着重要作用。王可丽等（2006）研究表明，三江源区的多 / 少雨年，西南季风较强 / 弱，偏南风的水汽输送较强 / 弱，使得江河源区有较强 / 弱的水汽来源，从而降水较多 / 少。黄河源区多雨年，水汽增加主要在青藏高原中、东部，而长江源区多雨年，水汽增加主要在青藏高原中、西部，可见三江源区的水汽输送到长江、黄河等不同河流是存在差异的。李生辰等（2009）基于三江源区降水观测资料和再分析资料，分析了三江源区水汽输送特征，认为冬、春季该区域以西边界的水汽输入为主，夏、秋季以南边界的水汽输入为主。在东亚和印度季风驱动下，西南暖湿气流是三江源区空中主要的水汽来源，其次是来自西边界中东高压中的偏西气流和西风带中的偏北气流。刘彩红等（2009）根据三江源区 14 个站 1961～2005 年逐月降水资料发现，三江源区经历了 5 个干、湿交替的阶段，存在较明显的准 2 年和准 4～6 年的振荡周期，并且自 20 世纪 80 年代中期后 12～14 年的周期信号较强。三江源区总水汽收支在春季、夏季和秋季均呈明显减少趋势，冬季则无明显变化。水汽输送的年际变化上，有学者认为近 40 年来三江源区水汽输入明显减少，特别是 6 月和 9 月显著减少，不利于该地区降水形成（曾小凡等，2013）。还有学者分析了三江源区潜在水汽源地的蒸发情况，认为三江源区以西至 60°E 为主要的蒸发源区，印度洋季风虽然挟带了大量的水汽，但青藏高原的大地形作用使大部分水汽在青藏高原南侧形成降水，并没有直接为三江源区的降水做出贡献。此外，南海地区对三江源区的水汽也有非常微弱的贡献（权晨，2014）。姜兵（2017）利用再分析资料分析了三江源区冬、夏季水汽输送情况，认为随着季风的爆发，5 月三江源区的水汽输送由冬季型转为夏季型，出现了西风和西南风水汽输送，6～9 月夏季水汽输送显著增加，10 月水汽输送形式由夏季型向冬季型转变。当由西南风挟带的雅鲁藏布大峡谷的水汽输送增强时，三江源区降水偏多，在 850 hPa高度上，孟加拉湾上空存在反气旋式异常环流，说明来自热带印度洋和孟加拉湾地区的水汽输送减弱。由此可见，雅鲁藏布大峡谷的水汽输送直接影响到三江源区的水分循环。

张宇等（2019）分析了当西风带和南亚季风分别控制三江源区时水汽输送和降水分布的规律，结果表明，其受西风带控制时，水汽输送方向为由西北向东南，西风带和南亚季风在三江源区南边界附近汇集，东部及南部降水显著增加；其受南亚季风控制时，水汽输送为由南向北，两支水汽输送路径在三江源区以北汇集，北部降水增加。西风带和南亚季风的水汽输送均对三江源区具有重要作用，两支水汽输送路径分别控制流域时可引起流域内部不同区域降水的显著增加。

朱丽等（2019）模拟了极端降水条件下黄河源区的水汽输送特征，认为降水极强年对应的气块后向运动轨迹在 10 天前最远可至东欧平原、中亚西部、西印度洋赤道和斯里兰卡东南海域等地区（图 7.12）。其水汽输送路径主要可以概括为南北两支，南支输送路径包括：索马里急流挟带印度洋 / 阿拉伯海的水汽，途经印度半岛 – 孟加拉湾等地，从青藏高原西南雅鲁藏布大峡谷进入黄河源区的跨赤道输送路径，以及始于太平洋 / 南海，途经长江中下游平原–四川盆地，由青藏高原东侧进入黄河源区的"几"形输送路径。

北支输送是指在西风急流的控制下，始于大西洋 / 非洲北部 / 欧洲平原等地，途经多地后从青藏高原西侧或北侧进入黄河源区的输送路径。因为水汽蒸发高值区大都分布在南支输送路径上，由此推断南支雅鲁藏布大峡谷的水汽输送可能是黄河源区降水极强年对应的主要水汽输送路径。

综上所述，对于三江源流域，水汽输送路径主要有三支：一支在孟加拉湾由西转向北流向青藏高原地区，经雅鲁藏布大峡谷由澜沧江源区和长江源区南部进入三江源区；一支经里海、帕米尔高原进入青藏高原，由长江源区的西边界进入三江源区；一支来自更北边，流经新疆后，接近三江源流域北边界（张宇等，2019），这三支水汽输送通道中，雅鲁藏布大峡谷水汽输送对三江源陆 – 气相互作用中降水、径流、土壤湿

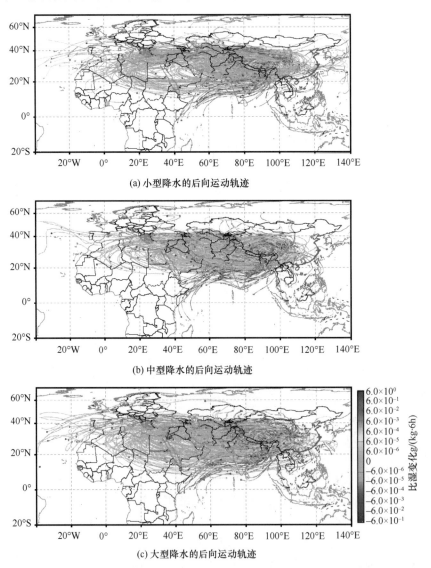

(a) 小型降水的后向运动轨迹

(b) 中型降水的后向运动轨迹

(c) 大型降水的后向运动轨迹

图 7.12　黄河源区三类降水对应目标粒子的后向轨迹（1 ~ 10 天）（朱丽等，2019）

（a）、（b）、（c）分别对应小 / 中 / 大型降水的后向运动轨迹，轨迹颜色变化表示气块运动过程中的比湿变化

度和蒸散发等关键性变量有重要影响。

参考文献

阿怀念, 石蒙沂, 李生荣. 2003. 青海高原环境演化及生态对策. 青海环境, 13(4): 162-163.

岑思弦, 秦宁生, 李媛媛. 2012. 金沙江流域汛期径流量变化的气候特征分析. 资源科学, 34(8): 1538-1545.

常国刚, 李林, 朱西德, 等. 2007. 黄河源区地表水资源变化及其影响因子. 地理学报, 62(3): 312-320.

高登义. 2008. 雅鲁藏布江水汽通道. 自然杂志, 30(5): 301-303.

高登义, 邹捍, 王维. 1985. 雅鲁藏布江水汽通道对降水的影响. 山地学报, 3(4): 51-61.

何友均, 邹大林. 2002. 三江源地区的生态环境现状及治理对策. 中国林业, (6): 39.

黄建平, 季明霞, 刘玉芝, 等. 2013. 干旱半干旱区气候变化研究综述. 气候变化研究进展, 9(1): 9-14.

江吉喜, 范梅珠. 2002. 青藏高原夏季TBB场与水汽分布关系的初步研究. 高原气象, 21(1): 20-24.

姜兵. 2017. 西北地区东部水汽输送特征及其与降水的关系. 南京: 南京信息工程大学.

敬文琪, 崔园园, 刘瑞霞, 等. 2017. 影响长江中下游夏季降水的青藏高原水汽抽吸作用和水汽路径的定量化研究. 高原气象, 36(4): 900-911.

康红文, 谷湘潜, 付翔, 等. 2005. 我国北方地区降水再循环率的初步评估. 应用气象学报, 16(2): 139-147.

蓝永超, 丁永建, 沈永平, 等. 2005. 气候变化对黄河上游水资源系统影响的研究进展. 气候变化研究进展, 1(3): 122-125.

李生辰, 李栋梁, 赵平, 等. 2009. 青藏高原"三江源地区"雨季水汽输送特征. 气象学报, 67(4): 591-598.

李玥. 2015. 全球半干旱气候变化的观测研究. 兰州: 兰州大学.

刘彩红, 朱西德, 石顺吉, 等. 2009. "三江源"夏季降水异常与大气环流异常的关系. 气象, 35(7): 39-45.

马艳. 2006. 三江源湿地消长对区域气候影响的数值模拟. 兰州: 兰州大学.

苗秋菊, 徐祥德, 张胜军. 2005. 长江流域水汽收支与高原水汽输送分量"转换"特征. 气象学报, 63(1): 93-99.

权晨. 2014. 三江源区地–气水汽交换及输送的气候效应研究. 南京: 南京信息工程大学.

权晨, 陈斌, 赵天良, 等. 2016. 拉格朗日水汽源诊断方法在三江源区的应用. 应用气象学报, 27(6): 688-697.

施晨晓. 2017. 青藏高原东部土壤湿度变化及其与西南地区降水的关系. 青海气象, (2): 2-11.

时兴合, 秦宁生, 许维俊, 等. 2007. 1956—2004年长江源区河川径流量的变化特征. 山地学报, 25(5): 513-523.

孙琪. 2018. 三江源区蒸散量的计算及影响因素分析. 北京: 中国地质大学.

王可丽, 程国栋, 丁永建, 等. 2006. 黄河、长江源区降水变化的水汽输送和环流特征. 冰川冻土, 28(1): 8-14.

王顺久. 2008. 青藏高原东部气候变化及其对长江上游水资源的可能影响. 高原山地气象研究, 28(1): 42-46.

谢昌卫, 丁永建, 刘时银, 等. 2003. 长江–黄河源寒区径流时空变化特征对比. 冰川冻土, 25(4): 414-422.

徐祥德, 陶诗言, 王继志, 等. 2002. 青藏高原—季风水汽输送"大三角扇型"影响域特征与中国区域旱涝异常的关系. 气象学报, 60(3): 257-266, 385.

许健民, 郑新江, 徐欢, 等. 1996. GMS-5 水汽图象所揭示的青藏高原地区对流层上部水汽分布特征. 应用气象学报, 7(2): 246-251.

杨建平, 丁永建, 刘时银, 等. 2003. 长江黄河源区冰川变化及其对河川径流的影响. 自然资源学报, 18(5): 595-602.

杨逸畴, 高登义, 李渤生. 1987. 雅鲁藏布江下游河谷水汽通道初探. 中国科学 (B 辑), (8): 893-902.

曾小凡, 苏布达, 易善桢, 等. 2013. 1971—2010 年三江源地区水汽输送变化分析. 气候变化研究进展, 9(3): 187-191.

张士锋, 贾绍凤, 刘昌明, 等. 2004. 黄河源区水循环变化规律及其影响. 中国科学 (E 辑), 34(z1): 117-125.

张文霞, 张丽霞, 周天军. 2016. 雅鲁藏布江流域夏季降水的年际变化及其原因. 大气科学, 40(5): 965-980.

张雯, 王磊, 陈权亮. 2015. 青藏高原东部土壤湿度变化及其与中国降水的关系. 成都信息工程学院学报, (1): 81-87.

张岩, 张建军, 张艳得, 等. 2017. 三江源区径流长期变化趋势对降水响应的空间差异. 环境科学研究, 30(1): 40-50.

张永勇, 张士锋, 翟晓燕, 等. 2012. 三江源区径流演变及其对气候变化的响应. 地理学报, 67(1): 71-82.

张宇, 李铁键, 李家叶, 等. 2019. 西风带和南亚季风对三江源雨季水汽输送及降水的影响. 水科学进展, 30(3): 348-358.

周长艳, 唐信英, 邓彪. 2015. 一次四川特大暴雨灾害降水特征及水汽来源分析. 高原气象, 34(6): 1636-1647.

朱丽, 刘蓉, 王欣, 等. 2019. 基于 FLEXPART 模式对黄河源区盛夏降水异常的水汽源地及输送特征研究. 高原气象, 38(3): 484-496.

Ji P, Yuan X. 2018. High-resolution land surface modeling of hydrological changes over the Sanjiangyuan Region in the Eastern Tibetan Plateau: 2. impact of climate and land cover change. Journal of Advances in Modeling Earth Systems, 10(11): 2829-2843.

Kukulies J, Chen D, Wang M. 2019. Temporal and spatial variations of convection and precipitation over the Tibetan Plateau based on recent satellite observations. Part I: Cloud climatology derived from CloudSat and CALIPSO. International Journal of Climatology, 39(14): 5396-5412.

Milly D, Wetherald T, Dunne K, et al. 2002. Increasing risk of great floods in a changing climate. Nature, 415(6871): 514-517.

Pachauri R K, Allen M R, Barros V R, et al. 2014. Climate change 2014: synthesis report//IPCC. Contribution of Working Groups I, II and III to the Fifth Assessment Report of the Intergovernmental Panel on Climate

Change. Geneva: IPCC.

Prudhomme C, Giuntoli I, Robinson E, et al. 2014. Hydrological droughts in the 21st century, hotspots and uncertainties from a global multimodel ensemble experiment. Proceedings of the National Academy of Sciences, 111(9): 3262-3267.

Sun B, Wang H. 2015. Analysis of the major atmospheric moisture sources affecting three sub-regions of East China. International Journal of Climatology, 35(9): 2243-2257.

Xu X, Shi X, Wang Y, et al. 2008. Data analysis and numerical simulation of moisture source and transport associated with summer precipitation in the Yangtze River Valley over China. Meteorology and Atmospheric Physics, 100(1-4): 217-231.

Xu X, Zhao T, Lu C, et al. 2014. An important mechanism sustaining the atmospheric "water tower" over the Tibetan Plateau. Atmospheric Chemistry and Physics, 14(20): 11287-11295.

Yang K, Wu H, Qin J, et al. 2014. Recent climate changes over the Tibetan Plateau and their impacts on energy and water cycle: a review. Global and Planetary Change, 112: 79-91.

Yuan X, Ji P, Wang L, et al. 2018. High-resolution land surface modeling of hydrological changes over the Sanjiangyuan Region in the Eastern Tibetan Plateau: 1. model development and evaluation. Journal of Advances in Modeling Earth Systems, 10(11): 2806-2828.

Zheng D, van der Velde R, Su Z, et al. 2018. Impact of soil freeze-thaw mechanism on the runoff dynamics of two Tibetan rivers. Journal of Hydrology, 563: 382-394.

第8章

雅鲁藏布大峡谷水汽
输送与云降水分析

第一次水汽通道的科考试验分析了水汽输送量和降水量的关系，高登义等（1985）对 1983 年雨季易贡站的观测资料分析表明，若沿易贡藏布谷地而上水汽输送量高，相应的次日降水量就大，若水汽输送量低，相应的次日降水量就小，因此认为易贡藏布水汽含量和水汽输送量与降水量的关系都比较密切，水汽含量与次日降水量的相关系数为 0.83，若以偏北向输送水汽为主，雅鲁藏布江谷地内降水就多，若以偏南向输送水汽为主，雅鲁藏布江谷地内降水就少，甚至无降水。地面至 200 hPa 的水汽含量与次日降水量的相关系数，易贡站为 0.83，通麦站为 0.75，嘉黎站为 0.51；沿河谷而上的水汽输送量与位于河谷上游的次日降水量的相关系数，嘉黎站最大（0.75），易贡站为 0.68，河谷下游的汉密站为 0.60。高登义等（1985）认为，沿雅鲁藏布江谷地内的降水主要依赖于溯江而上的水汽输送量的多寡，另外西风带低压槽或低压中心位于 75°E 附近，则青藏高原东南部及其南侧地区都在槽前西南气流控制下，有利于孟加拉湾暖湿气流溯江北上，相反，若青藏高原上空为强大的副热带高压，则青藏高原东南部及其南侧地区都在偏北气流控制下，不利于来自孟加拉湾的暖湿气流向青藏高原内地输送，相应地，在青藏高原东南部几乎没有降水发生。

基于以上水汽输送量和降水量的研究结果，本次科考在雅鲁藏布大峡谷内利用多通道微波辐射计建立了垂直大气温、湿度动态变化的监测系统，科考分队在墨脱站观测场布设了一部云雷达。多通道微波辐射计能够获取对流层大气的多尺度水汽输送结构，使雅鲁藏布大峡谷区域热力结构与水汽输送物理过程更为清晰，期望能将多通道微波辐射计观测的水汽输送量和云雷达观测的云降水结合起来进行分析。本次科考获得的观测资料可以就一些降水和天气过程进行分析，尤其是水汽输送和该地区降水的关系。下面就获得的短期观测资料进行一些简单分析。

8.1 雅鲁藏布大峡谷大气热力结构与水汽输送物理变化特征

多通道微波辐射计可以观测雅鲁藏布大峡谷山谷地形对水汽输送的影响。图 8.1 为卡布站观测到的山谷大气垂直水热过程，从中可以明显地看出，降水和无降水的垂直大气水热结构有显著差异。

2018 年 12 月 18 日，墨脱站发生了一次明显降水，对此次降水过程中多通道微波辐射计探测要素的时间变化特征进行分析（图 8.2），降水发生前，温度及水汽密度的变化较平稳，相对湿度表现出明显的垂直分层结构，3～6 km 为湿层，3 km 以下及 6 km 以上为干层，液态水含量非常小。但随着降水的发生，多通道微波辐射计探测温度明显升高，且波动性明显，底层（2 km 以下）与高层（6 km 以上）相对湿度及水汽密度明显增大，呈现出与降水前完全相反的垂直结构特征，3～6 km 为干层，3 km 以下及 6 km 以上为湿层，同时，液态水含量在 6 km 左右也出现较高数值，且一直维持至降水结束。

进一步对墨脱站降水及无降水时地基多通道微波辐射计探测气象要素的垂直变化特征进行统计分析。首先，将观测时间段内的数据分为降水及无降水观测数据集，

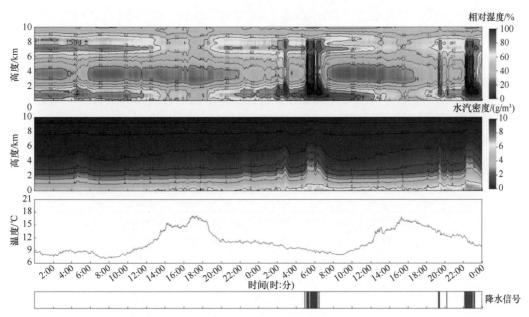

图 8.1　卡布站多通道微波辐射计获得的 2019 年 1 月 22 ～ 23 日垂直大气相对湿度、水汽密度、地面温度与降水信号的变化

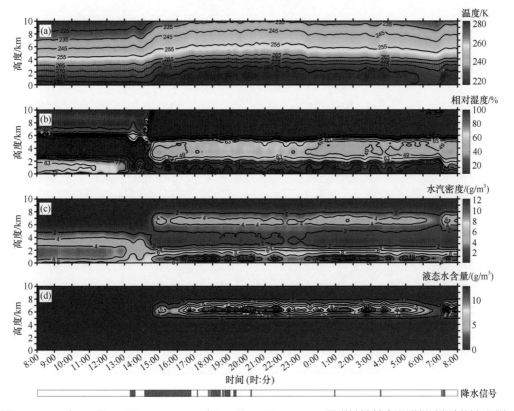

图 8.2　2018 年 12 月 18 日 8:00 ～ 2018 年 12 月 19 日 8:00 LST 墨脱站地基多通道微波辐射计探测的温度（a）、相对湿度（b）、水汽密度（c）及液态水含量（d）时间序列图

统计显示，多通道微波辐射计共计观测样本数 123727 例，其中降水 5737 例、非降水 117990 例。利用降水及无降水时的探测数据集，采用统计学方法，对气象要素的垂直变化特征进行分析。

图 8.3 给出了温度随高度变化的统计结果，由图 8.3 可见，有降水时地基多通道微波辐射计探测温度在 0.3 km 以上明显偏高，探测偏差随高度的上升不断增大。这种变化受两个因素影响：第一，降水及微波辐射计天线罩上的水膜会对温度探测造成偏差，导致降水时温度探测明显偏高；第二，降水时，大气潜热释放，也会造成大气温度升高。

图 8.4 为水汽密度随高度变化的统计结果，可以看出，在 2.75 km 以下及 5 km 以上，水汽密度在降水时均高于无降水时，特别是在 0.5 km，降水时水汽密度出现极大值，

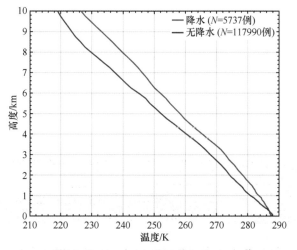

图 8.3 降水及无降水时温度随高度变化的统计结果

N 表示计算温度平均值时用到的全部廓线数目

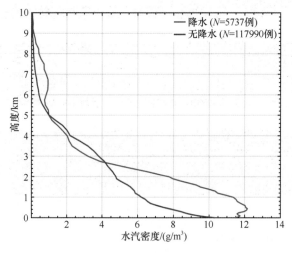

图 8.4 降水及无降水时水汽密度随高度变化的统计结果

N 表示计算水汽密度平均值时用到的全部廓线数目

远远大于无降水时的水汽密度。在 0.5 ~ 3.5 km，水汽密度随高度明显减小，降水时更为明显。

图 8.5 为相对湿度随高度变化的统计结果，在 2 km 以下，有降水及无降水时的相对湿度变化趋势类似，但降水时相对湿度明显偏大。降水时，相对湿度在 2.0 ~ 3.5 km 随高度明显减小，但在 5 ~ 6 km 随高度明显增大，至 6 km 高度时，相对湿度超过70%。总体而言，无降水时相对湿度在绝大部分高度上要小于 80%，降水时在低层明显偏大，均高于 90%，同时，降水时相对湿度随高度的变化转折性更明显。

图 8.6 为液态水含量随高度变化的统计结果，液态水含量最高值出现在 6 km 高度以上，结合墨脱站地理经纬度及海拔信息，分析该结果可能存在高估现象，其主要受冰云的影响。通过分析该时间段内温度探测结果发现，降水及无降水时的零度层普遍

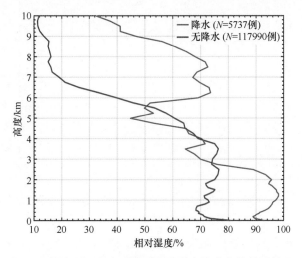

图 8.5　降水及无降水时相对湿度随高度变化的统计结果
N 表示计算相对湿度平均值时用到的全部廓线数目

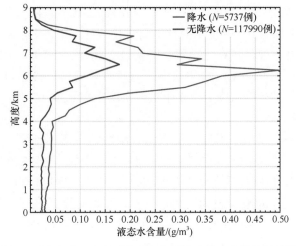

图 8.6　降水及无降水时液态水含量随高度变化的统计结果
N 表示计算液态水含量平均值时用到的全部廓线数目

在 3 km 以下，但考虑到可能会有过冷水的存在，将 –10 ℃作为分界，认为该温度以下液态水含量应极少，所在的高度整体低于 4 km，因此重点分析了 4 km 以下液态水含量的变化特征。

图 8.7 给出了 4 km 以下液态水含量随高度变化的统计结果，由图 8.7 可见，降水时液态水含量随高度递增，大部分高度均大于 0.03 g/m³；无降水时液态水含量在 2 km以下随高度变化较小，但在 3 km 以上呈现为随高度递减的趋势，绝大部分高度的液态水含量为 0.02 ～ 0.025 g/m³。

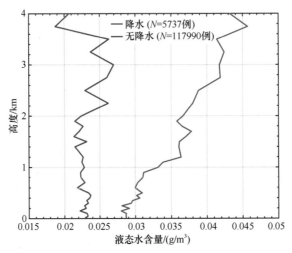

图 8.7　降水及无降水时 4 km 以下液态水含量随高度变化的统计结果

N 表示计算液态水含量平均值时用到的全部廓线数目

下面对雅鲁藏布大峡谷地区微波辐射计探测要素的日变化及季节变化特征进行分析。日变化分析中，考虑到统计结果的代表性，仅选取每天观测达到 4/5 的数据进行统计，即每日观测样本达到 384（60 min/h×24h÷3 min×4/5）例。筛选后共计得到有效个例 181 日，其中春季 85 日、夏季 29 日、冬季 67 日。其中，秋季未有相关观测数据。图 8.8 给出了不同季节、不同高度下温度的日变化特征。整体上，墨脱站的温度日变化不明显，日变化特征主要体现在近地层，特别是 2 km 高度以下，春季近地面温度峰值出现在 07：00 ～ 08：00 UTC，这与该地区的日照时间具有较好的一致性。夏季与冬季温度峰值的出现时刻要略微偏后，夏季主要出现在 09：00 UTC 左右，冬季主要出现在 10：00 UTC 左右。

图 8.9 给出了不同季节、不同高度下相对湿度的日变化特征。相对湿度在夏季明显偏大，5 km 以下大气都处于高湿度状态，特别是在凌晨。但冬季的相对湿度要明显偏小，绝大部分高度的相对湿度处于 70% 以下。在 2 ～ 3 km 高度有一个相对湿度的大值区存在，其中春季及夏季较为明显。同样，相对湿度日变化特征主要体现在低层大气，在中午及午后，相对湿度出现明显的减小趋势，但凌晨时出现明显的增大趋势。

图 8.10 给出了不同季节、不同高度下水汽密度的日变化特征。水汽密度的变化相对比较平稳，特别是在春季。水汽密度的极大值主要出现在晚上及凌晨，此时由于地

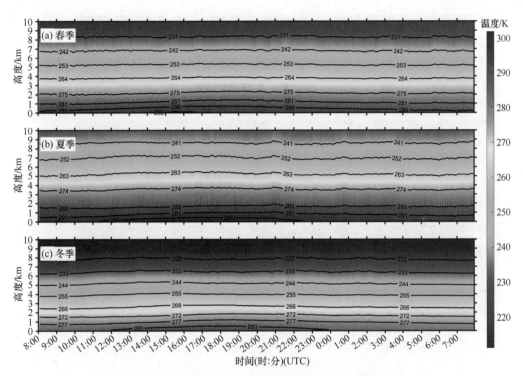

图 8.8　不同季节、不同高度下温度的日变化特征

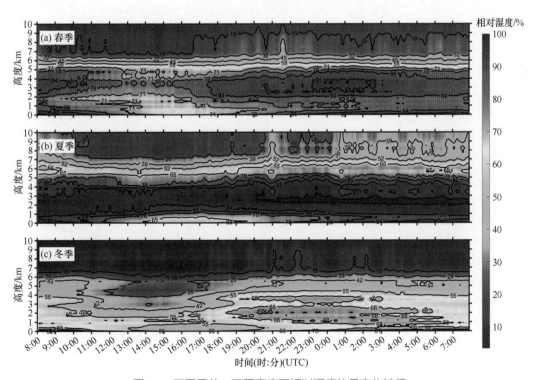

图 8.9　不同季节、不同高度下相对湿度的日变化特征

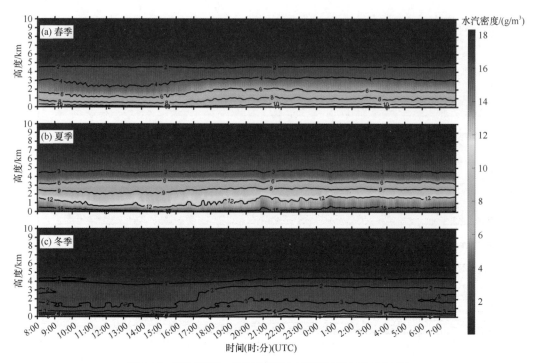

图 8.10　不同季节、不同高度下水汽密度的日变化特征

面温度降低，垂直对流减弱，云体在不断下降过程中部分云液态水蒸发为水汽。这种现象在夏季表现得更为明显。

　　不同季节、不同高度下液态水含量的日变化特征如图 8.11 所示。地基多通道微波辐射计对液态水含量的探测在高层大气会产生部分虚假信息，这种现象在降水时更为明显。春季在 6 km 高度左右出现液态水含量极大值，这一部分可能是过冷水，另外也有部分是受到降水影响出现的虚假信息。夏季在 11：00 ～ 16：00 UTC 出现液态水空白区，这提前于温度极大值的出现时间，分析原因可能是墨脱站周边多山地，受太阳辐射影响作用，山地增温快，大气受热产生对流，由于站点地面温度相对较低，垂直上空的大气向下对流，云体高度下降过程中，液态水蒸发，导致部分高度液态水含量探测出现空白。随着大气向下对流的发生及地面接收太阳辐射，站点地面温度逐渐增高，对流活动相对平衡之后，云又在这些高度形成。冬季时，水汽条件不充分，云的维持时间短，生消比较频繁，因此日变化中液态水含量会出现明显的断层。

　　地基多通道微波辐射计探测的大气要素在降水发生时会出现明显的变化，具体表现为，温度探测结果会出现明显增高，这一方面是多通道微波辐射计观测受降水影响，另一方面，降水时潜热的释放也是温度升高的原因。水汽密度及相对湿度随高度升高先增后减，在 6 ～ 7 km 出现一个极大值，但数值要明显低于近地面。液态水含量的变化在低层大气受降水影响不大，但在 6 km 左右高度，降水时液态水含量出现明显的极大值，且远远高于无降水时，同时，分析 4 km 以下高度液态水含量发现，无降水时液态水含量随高度升高变化不明显，降水时液态水含量随高度升高而递增，但数值均偏小，在

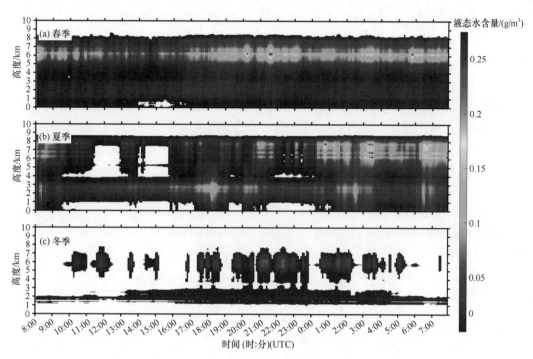

图 8.11　不同季节、不同高度下液态水含量的日变化特征

0.05 g/m³ 以内。

　　针对多通道微波辐射计探测要素的日变化的研究发现，气象要素的日变化主要体现在 2 km 以下，也有较明显的年变化特征。春季温度峰值出现在 07：00 ～ 08：00 UTC，夏季主要出现在 09：00 UTC 左右，冬季主要出现在 10：00 UTC 左右。在中午及午后，相对湿度出现明显的减小，夏季相对湿度要明显高于冬季。水汽密度的大值主要出现在晚上及凌晨，同样冬季要明显偏小。液态水含量的变化略微复杂，其与云的生消有关，冬季由于云的维持时间短，液态水含量会出现不同程度的断层。

　　多通道微波辐射计对大气要素的探测表现出较高的探测精度，特别是温度探测。但在降水时，受降水的影响，探测精度会出现不同程度的降低，但由于站点周围环山，斜天顶观测难以有效利用，其对降水的影响作用目前难以去除。其中，液态水含量是受降水影响最为严重的，在较高的高度会出现比较明显的虚假信息，这对于资料的分析提出了不小的挑战，目前可以通过剔除无效数据及利用温湿廓线进行数据的初步筛选，但仍无法完全去除所有不合理数据，这方面是接下来重点开展的研究内容。

8.2　云雷达观测的降水过程

8.2.1　云雷达观测简介

　　云雷达观测是观测云和弱降水垂直结构的重要手段，为了实现云降水的连续稳定观测，本次科考采用了 Ka 波段毫米波云雷达，该雷达采用脉冲压缩、相干和非相干积累等技术，以及四种观测模式进行交替循环观测。Ka 波段毫米波云雷达采用多普勒雷达和偏振雷达技术，以垂直观测方式获取云和弱降水的回波强度 Z、径向速度 V_r、速度谱宽 S_w 和退偏振因子 LDR 的垂直廓线，同时记录功率谱密度 S_z，主要技术性能指标见表 8.1。该雷达采用了 Ka 波段，以尽量获取更大的后向散射能量，同时减小空气和降水粒子的衰减；采用固态发射机的主要目的是实现连续观测，云物理特征的统计分析对云降水物理研究非常重要（吴翀等，2017）。为了兼顾高层云和低层降水的不同高度不同强度的观测，采用了四种观测模式（主要参数见表 8.2）：降水模式（M1）、边界层模式（M2）、中高层模式（M3）和卷云模式（M4），通过采用不同脉冲宽度、相干和非相干积累，以满足固态发射机云雷达低空探测和弱云探测的需求。该云雷达于 2018年 12 月 9 日安装在西藏林芝市墨脱县气象局观测场开始观测。除了停电时段，云雷达均正常工作。

表 8.1　固态发射机体制云雷达的主要技术性能指标

序号	项目	技术指标
1	雷达体制	相干、多普勒脉冲、固态发射机、脉冲压缩
2	频率	33.44 GHz（Ka 波段）
3	波束宽度	0.35°
4	脉冲重复频率	8333 Hz
5	观测参量	Z、V_r、S_w、LDR、S_z
6	探测能力	≤ −30 dBZ@5 km
7	探测范围	高度：0.120 ~ 15 km Z：−50 ~ +30 dBZ V_r：5.7 ~ 17.13 m/s S_w：0 ~ 4 m/s
8	时空分辨率	时间分辨率：6 s 距离分辨率：30 m

表 8.2　云雷达四种观测模式主要观测参数

序号	项目	降水模式（M1）	边界层模式（M2）	中高层模式（M3）	卷云模式（M4）
1	τ 脉冲宽度 /μs	0.2	2	8	20
2	F 脉冲重复频率 /Hz	8000	8000	8000	8000
3	相干积累数	1	3	3	2
4	非相干积累数	4	4	4	4
5	FFT 点数	256	256	256	
6	驻留时间 /s	4	4	4	4
7	距离分辨率 /m	30	30	30	
8	探测盲区 /m	30	300	1200	3000
9	最大探测距离 /km	18	18	18	18
10	最大不模糊速度 /(m/s)	17.13	5.7	5.7	8.56
11	速度分辨率 /(m/s)	0.068	0.023	0.023	0.034

　　我国对云雷达不同观测模式下的观测效果，数据一致性，脉冲压缩、相关积累等对数据的影响，数据的融合方法等均未进行系统性研究。因此，在分析云降水过程之前，

需要完成云雷达观测模式设计、数据质量控制、多观测模式数据融合、云降水雨滴谱反演方法和空气上升速度反演方法的研究。

8.2.2　云雷达四种观测模式一致性分析

图 8.12 为 2019 年 3 月 5 日西藏林芝市墨脱地区层状云降水过程 15：41 ～ 16：41（北京时间）M1 和 M3 模式观测的 400 个径向的回波强度的时间 – 高度原始观测数据，可以看到，不同观测模式下的数据并不一致，为了分析以上现象产生的原因，我们分析了脉冲压缩和相关积累对多普勒功率谱的影响。结果表明，脉冲压缩和相关积累提高了雷达的灵敏度，以及高层和中层云的观测精度，却带来了距离旁瓣和降水回波低估等问题，并且不能用于观测低层云，这就需要进行雷达数据质量控制和数据融合。为了比较不同模式多普勒功率谱，我们对功率谱数据消除噪声电平后，归一化为回波强度谱密度。回波强度谱密度 SZ[(mm^6·s)/m^2] 与多普勒功率谱密度 SP[mW/(m·s)] 和回波强度 Z(mm^6/m^3) 的关系如下：

$$SZ(i) = \frac{Z \times SP(i)}{\sum_{j=1}^{n} SP(i)\Delta V}$$

式中，SZ(i) 和 SP(i) 分别表示第 i 个点的回波强度谱密度和多普勒功率谱密度；ΔV 为相邻两个多普勒功率谱点的径向速度的间隔；n 为功率谱的点数，对于本雷达，$n=256$。回波强度谱密度积分后就是回波强度，回波强度对回波强度谱密度的幅值有影响，对它的位置、宽带和形状等均没有影响。

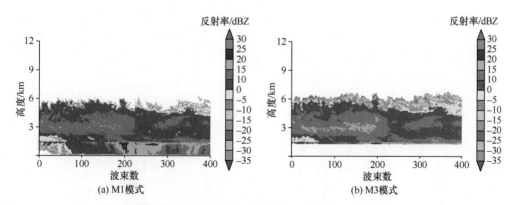

图 8.12　2019 年 3 月 5 日雅鲁藏布大峡谷水汽通道关键区墨脱地区层状云降水过程 15：41 ～ 16：41（北京时间）M1 和 M3 模式观测的 400 个径向的回波强度的时间 – 高度的原始观测数据

图 8.13 给出了沿第 30 个径向的回波强度谱密度的垂直变化，定义功率谱的速度向下为正，四种模式最大径向速度不同使得横坐标的范围是不同的。M1、M2、M3 和 M4 观测的回波强度谱密度分别记为 SZ1、SZ2、SZ3 和 SZ4，从回波强度谱密度垂直变化可以看出，零度层顶以固态云降水为主，粒子下落速度比较小，回波强度谱密度

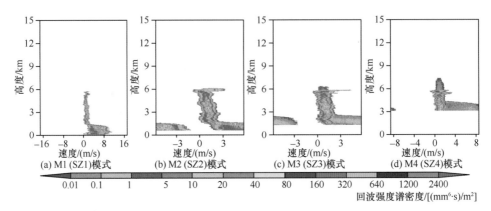

图 8.13　沿第 30 个径向的回波强度谱密度的垂直变化

窄而且在零速度附近。在零度层（地面上 1.3 ~ 1.5km，雷达位置海拔 1.0km）内，固态粒子融合和碰并过程形成了液体粒子，使得谱迅速展宽，且最大速度达到 12m/s，回波强度也随之增加，峰值对应的径向速度达到最大，然后功率谱向小的径向速度方向展开，表明大粒子的破碎形成了较多的小粒子。

8.2.3　云雷达数据质量控制、融合方法及效果分析

数据质量控制主要包括退速度模糊和退距离模糊。当目标物的速度超过雷达最大可测速度时会发生速度模糊。速度模糊会使功率谱中信号发生折叠，给平均多普勒速度和谱宽的计算带来误差，严重影响数据质量。该 Ka 波段毫米波雷达四种探测模式中，M1 模式的最大可测速度为 ±17.13m/s，不会发生速度模糊；其他三种模式都有可能出现速度模糊。因此，对 M2、M3、M4 模式数据进行退速度模糊是十分必要的。另外，雷达旁瓣会造成杂波信号。图 8.14 给出了经过退速度模糊和距离旁瓣处理后的回波强度谱密度。可以看出，经过退速度模糊，SZ1 和 SZ2 的速度模糊被消除了，经过距离旁瓣处理，SZ3 和 SZ4 的距离旁瓣被消除了。

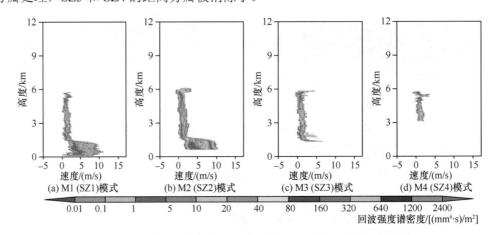

图 8.14　经过退速度模糊和距离旁瓣处理后的回波强度谱密度

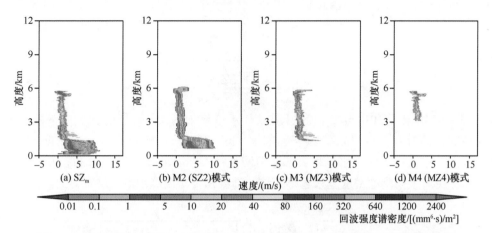

图 8.15　融合后的 SZ_m 与 M2(SZ2)、M3(SZ3)、M4(SZ4) 模式的回波强度谱密度

　　融合方法选用逐谱点比较法，逐点比较四个观测模式数据，一一确定谱点采用哪个观测模式的结果，然后再重新计算每个点的反射率因子、径向速度及速度谱宽。图 8.15(a) 为融合后的回波强度谱密度 (SZ_m)，融合后的谱数据覆盖了更大的距离空间，使谱宽带更宽，有效减小了 SZ1 和 SZ3 在高端和低端对谱的低估，增强了数据的可靠性。

　　利用下面的公式，可以从融合后的回波强度谱密度再计算回波强度、径向速度、速度谱宽。融合后的回波强度谱密度数据将 M2 模式的高灵敏度、M3 模式的高径向速度探测精度等结合起来，减小了相干积累对大径向速度谱密度数据的低估，同时，有效处理了径向速度部分模糊，对它进行积分，可得到更加合理的回波强度（图 8.16），这样一方面保证了高空弱回波的探测和低层比较强的回波强度的探测，另一方面有效减小了相干积累对回波强度和径向速度的低估。

$$Z_m(R) = \sum_{i=1}^{n} SZ_m(R,i)\Delta V$$

$$V_{rm}(R) = \frac{\sum_{i=1}^{n} V_i SZ_m(R,i)\Delta V}{\sum_{i=1}^{n} SZ_m(R,i)\Delta V}$$

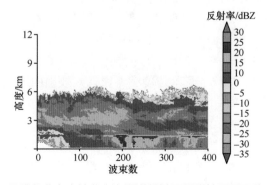

图 8.16　2019 年 3 月 5 日雅鲁藏布大峡谷水汽通道关键区墨脱地区层云降水过程回波强度谱密度

$$S_{wm}(R) = \left(\frac{\sum_{i=1}^{n} [V_i - V_{rm}(R)]^2 SZ_m(R,i) \Delta V}{\sum_{i=1}^{n} SZ_m(R,i) \Delta V} \right)^{1/2}$$

图 8.17 给出了 2019 年 3 月 5 日层云降水过程 15：51（北京时间）多普勒功率谱和反演的雨滴谱垂直廓线。春季零度层比较低，能反演的雨滴谱高度比较低，从结果可以看出，这次层状云降水过程大部分雨滴处在 1.5mm 以下，主要分布在 0.4mm，由于蒸发作用，大雨滴谱密度越来越小。这一结果需要与微降水雷达进行对比。

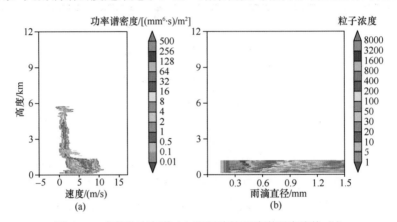

图 8.17　多普勒功率谱（a）和反演的雨滴谱垂直廓线（b）

8.2.4　云雷达观测的墨脱站一次层状云降水过程

2019 年 3 月 4 日 20：00 ～ 5 日 20：00 墨脱站出现了 5.2 mm 的小雨。从 500 hPa 高空图上看，2019 年 3 月 5 日 8：00，青藏高原北部有低值系统下压，槽后有较大冷空气，20：00 系统东移速度较快，墨脱站由低涡控制，但西南气流不明显，水汽输送不大，墨脱站降水较少。

从云雷达观测数据的时间 - 高度图看，2019 年 3 月 5 日墨脱站存在层状云降水，图 8.18 给出了 00：00 ～ 23：58 的观测数据。在观测时段内，层状云的回波强度为 15dBZ 左右，回波顶高为地面上 7.0 km，零度层高度在地面上 1.8 km（墨脱站海拔 1279 m）。从上升速度来看，粒子下落速度的拖曳作用使得零度层以下液态降水区存在下沉气流，下沉气流大小与粒子下落速度关系密切，较强的下沉气流在零度层下方。在降水间歇期或者弱降水时段，如 16：46 ～ 16：58，1.5 km 以下的高度层内存在上升气流。

从垂直变化来看，固态降水随高度降低而增多，固态降水从 7 km 到 4 km 高度内回波强度增加了 25 dBZ，但粒子下落速度和谱宽没有明显变化，这可能是粒子数密度增加造成的，这一高度层以上升气流为主。

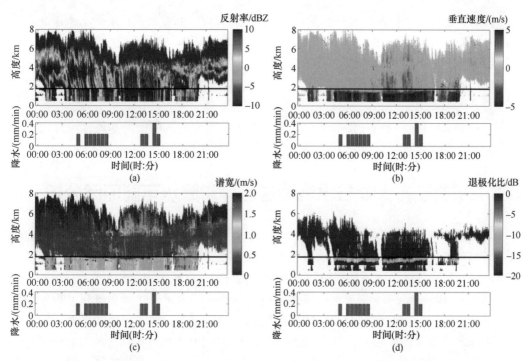

图 8.18 墨脱站云雷达观测的 2019 年 3 月 5 日 00：00 ~ 23：58 的层状云降水的雷达回波信号、垂直速度、波谱宽度和退极化比

在融化层，固态降水的融化使回波强度增加 10 dBZ，粒子下落速度为 5 m/s 左右。液态降水的回波强度随高度降低有所增强，这部分受到雨区衰减的影响。但粒子下落速度却随着高度的降低而减小，这说明空气湿度比较小，蒸发作用或者大粒子破碎使粒子尺度变小，另外的原因是空气密度增大，摩擦增大，下落速度变小。

我们也将雅鲁藏布大峡谷墨脱站水汽通道地区的弱层云降水与我国平原地区以及青藏高原中部那曲地区的弱层云降水进行了简单的个例对比分析。

图 8.19 给出了 2014 年 7 月 6 日 09：00 ~ 12：45 西藏那曲地区弱层云的雷达观测。

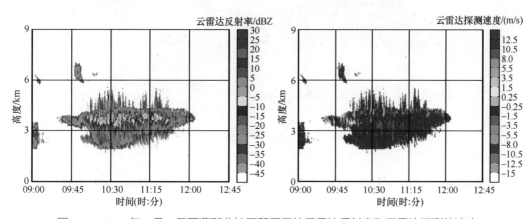

图 8.19 2014 年 7 月 6 日西藏那曲地区弱层云的云雷达反射率和云雷达探测的速度

可以看出，在观测时段内，云雷达反射率不超过 5 dBZ，回波底部在地面上（那曲海拔 4500 m）2 km，顶高为地面上 5 km 左右。从径向速度来看，粒子有较小的下落速度。

目前只是进行了降水个例的简单分析，可以看出，墨脱站春季层状云降水的零度层高度比较低，在地面上 1.5 km 左右（墨脱站海拔 1279 m），而平原地区夏季层状云降水的零度层在地面上 5 km 左右。零度层高度与温度、湿度等因素有关，在今后的工作中，将对同一时间段内，墨脱地区、那曲地区、平原地区的云降水特征进行统计对比分析，以得到对雅鲁藏布大峡谷水汽通道关键区墨脱地区云降水的新认知。

8.3 雅鲁藏布大峡谷水汽输送与异常降水可能原因分析

青藏高原复杂地形背景下大气 – 冰川 – 水文 – 生态耦合机制是当前青藏高原前沿科学研究的重大瓶颈难题。川藏铁路雅安至林芝段穿越了雅鲁藏布大峡谷部分地区，穿越的区域气象气候、地质地貌和生态环境极其复杂，自然灾害频发。

通过对 1961 ～ 2015 年夏季中国区域地面观测站低云量发生频率资料分析发现，雅鲁藏布江、三江源与青藏高原东南缘区域是中国区域低云量的极值区，表明雅鲁藏布江河谷区是青藏高原对流云最为活跃的区域（图 8.20）。川藏铁路区域中雅安至林芝段地处川西高原和藏东南高原关键工程区是青藏高原对流活动的集中地，频发的自然灾害也将为川藏铁路建设带来极大的难度。

建军等（2012）通过对近 30 年资料进行分析来获取西藏汛期强降水频数空间分布图（图 8.21），可发现西藏强降水频数极值区位于雅鲁藏布江河谷及其大峡谷区域，这进一步印证了该区域是水汽输送及其异常降水的关键区。

白淑英等（2014）采用卫星对西藏高原积雪时空变化的分析结果表明（图 8.22），

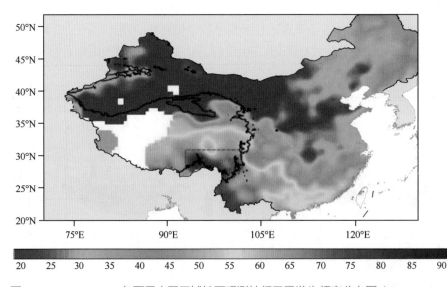

图 8.20　1961 ～ 2015 年夏季中国区域地面观测站低云量发生频率分布图（Zhao et al.，2019）

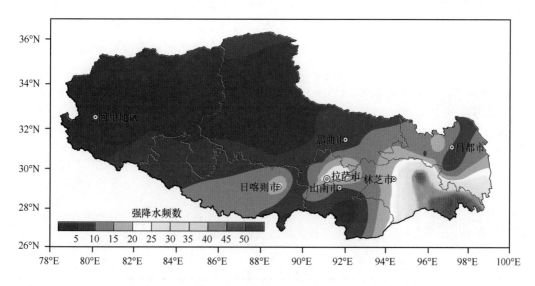

图 8.21 西藏汛期强降水频数的空间分布特征（建军等，2012）

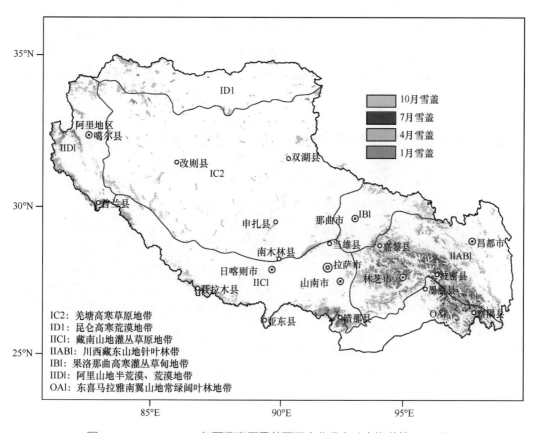

图 8.22 2001 ~ 2010 年西藏高原雪盖面积变化分布（白淑英等，2014）

1月、4月、7月和10月林芝—波密—察隅为雪盖集中区，积雪主要分布在雅鲁藏布大峡谷两旁的高山上，说明雅鲁藏布大峡谷水汽通道的水汽输送是该地区积雪的重要水汽来源。上述西藏高原各季雪盖时空分布揭示出雅鲁藏布大峡谷区域不仅是云降水极值区，而且是积雪集中地，其中波密还被称为"冰川之乡"。

杨志刚等（2014）分析了1961～2010年西藏沿江一线极端降水频数变化（图8.23），研究表明，西藏沿江一线极端降水频数20世纪80年代以来呈上升趋势，该结论进一步揭示出气候变化背景下雅鲁藏布大峡谷区域未来异常降水可能呈增加趋势。

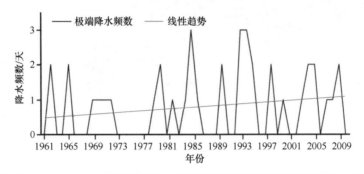

图8.23　1961 - 2010年西藏沿江一线极端降水频数变化（杨志刚等，2014）

上述内容从东亚区域、全球能量水分循环关键区的视角，剖析了雅鲁藏布江及其邻近地区各类重大天气、气候灾害的致灾机理关键科学问题，体现了青藏高原多尺度地形综合影响下大气－冰川－水文－生态过程对灾害高影响区与气候变化敏感区的耦合影响机制。

8.4　雅鲁藏布大峡谷水汽输送对我国东部降水的影响

Zhao等（2019）认为，受青藏高原影响的水汽输送对华北地区的夏季降水有影响，影响华北地区降水的青藏高原水汽输送主要有两个通道：一个是通过西风急流沿青藏高原北部的气流；另一个是从孟加拉湾、南中国海和西太平洋向北经河湾区，从青藏高原东部输送到中国东部。徐祥德等（2003）研究认为，南支气流将低纬海洋水汽输送到青藏高原东部再转运至东北方向到达长江流域。一些研究发现，中国区域的异常降水不仅与亚洲和东亚夏季风引起的水汽异常输送有关，还与季节间振荡的向北扩展有关，长江流域的干旱和洪涝与孟加拉湾和南中国海是否有强的水汽输送有重要关系，当水汽输送强时长江流域易发生洪涝，当水汽输送弱时该流域易发生干旱。Chen等（2012）对青藏高原的水汽前向模拟发现，青藏高原的水汽对于东亚的降水影响显著，认为青藏高原是其下游降水的水汽来源地，青藏高原区域的水汽来源和去向主要受高空的强亚洲反气旋的影响，青藏高原是一个大气传输的中转站，其气团先由西北和东北进入再分成两支：一支向西南到达印度洋，另一支向东南进入西北太平洋。Xu等（2008）利用数值模拟和数据分析研究了长江中下游水汽的来源，认为孟加拉湾、印度半岛、南中国海和菲律宾群岛的低纬度带是长江流域夏季降水的主要水汽来源地，孟加拉湾向东和菲律宾海向西的水汽在南中国海相遇，形成一个主要水汽通道并进一步向西北前进，在青藏高原东部转向东北方向到达长江流域，来自东印度洋和南中国海的长距离水汽输送占了长江流域降水的一半。Xu 等（2008）认为，来自孟加拉湾的水汽在南中国海汇聚到达青藏高原东部时转向东北方向，造成了长江河谷出现降水。

　　本章对雅鲁藏布大峡谷内与水汽输送相关的大气多尺度结构特征进行了统计分析，尤其是对降水和非降水的特征进行了对比分析，降水时水汽密度在 0.5 km 处出现极大值，0～10km 大气气象要素的日变化主要体现在 2 km 以下，还对云雷达的数据进行了质量控制，并对高原和平原的云结构进行了对比分析，墨脱层状云降水的零度层高度比较低，在地面以上 1.5 km 左右（墨脱站海拔 1279 m），而平原地区夏季层状云降水的零度层在地面上 5 km 左右。由于水汽通道较强的水汽聚集效应，雅鲁藏布江河谷区是青藏高原对流云最为频繁的地区，频发的强降水经常造成滑坡和泥石流，进而冲毁道路，给当地的生产生活造成不便，另外气候变化背景下雅鲁藏布大峡谷区域未来异常降水可能呈增加趋势，这将为川藏铁路建设带来极大的难度。

参考文献

白淑英, 史建桥, 沈渭寿, 等. 2014. 卫星遥感西藏高原积雪时空变化及影响因子分析. 遥感技术与应用, 29(6): 954-962.

高登义, 邹捍, 王维. 1985. 雅鲁藏布江水汽通道对降水的影响. 山地学报, 3(4): 51-61.

建军, 杨志刚, 卓嘎. 2012. 近30年西藏汛期强降水事件的时空变化特征. 高原气象, 31(2): 380-386.

吴翀, 刘黎平, 翟晓春. 2017. Ka波段固态发射机体制云雷达和激光云高仪探测青藏高原夏季云底能力和效果对比分析. 大气科学, 41(4): 659-672.

徐祥德, 陈联寿, 王秀荣, 等. 2003. 长江流域梅雨带水汽输送源–汇结构. 科学通报, 48(21): 2288-2294.

杨志刚, 建军, 洪建昌. 2014. 1961—2010年西藏极端降水事件时空分布特征. 高原气象, 33(1): 37-42.

Chen B, Xu X D, Yang S, et al. 2012. On the origin and destination of atmospheric moisture and air mass over the Tibetan Plateau. Theoretical and Applied Climatology, 110(3): 423-435.

Lavers D A, Rodwell M J, Richardson D S, et al. 2018. The gauging and modeling of rivers in the sky. Geophysical Research Letters, 45(15): 7828-7834.

Xu X, Shi X, Wang Y, et al. 2008. Data analysis and numerical simulation of moisture source and transport associated with summer precipitation in the Yangtze River Valley over China. Meteorology and Atmospheric Physics, 100(1): 217-231.

Zhao Y, Xu X, Zhao T, et al. 2019. Effects of the Tibetan Plateau and its second staircase terrain on rainstorms over North China: from the perspective of water vapour transport. International Journal of Climatology, 39(7): 3121-3133.

第 9 章

峡谷地形对水汽输送的重要性

地形对水汽输送的影响主要有动力和热力两个方面。地形高度、坡度、尺度等决定动力效应。热力效应由不同高度的地表接收太阳辐射和气流抬升所释放的潜热引起。青藏高原通过地形的动力及热力效应协同影响水汽输送及降水分布。峡谷地形的动力效应深刻影响着峡谷及周边地区水汽输送及降水。动力效应与谷地的宽度、深度、温度层结、盛行气流等因素有关，起到通道作用和阻隔作用。另外，由于热力作用影响，峡谷地区白天为谷风和河风，有利于谷坡上部形成降水，夜间为山风和陆风，有利于谷底下部形成降水。雅鲁藏布大峡谷是青藏高原地区最主要的水汽通道，水汽输送方向与该地区年降水量分布图一致。2018年雅鲁藏布大峡谷水汽通道科学考察队通过对该地区六个站观测的风向研究发现，该地区各站的主导风向均与各自所处的山谷走向一致，反映出峡谷地形对局地环流和水汽输送的重要影响。位于峡谷的入口和中段的两个观测站显示出大气柱总水汽含量和降水的峰值时间差异不大，分析认为，峡谷较窄，水汽的增加能快速被地形抬升形成降水，从而使得水汽的增加与降水事件发生时间很接近。目前，水汽是如何穿越雅鲁藏布大峡谷而进入青藏高原腹地的还需要进一步的深入研究。在全球变暖背景下，大尺度环流随之调整，西南季风在该区域导流和阻隔下的表现特征仍待进一步研究。

地形对大气环流中的许多基本问题，如气候平均状态、季风环流及阻塞形势等都有影响（范广洲和吕世华，1999）。地形对水汽输送的影响很复杂，它既与大气候条件有关，又受到复杂地形和海拔的影响。地形对大气环流及水汽输送的影响主要有动力和热力两个方面，其中动力作用又分为动力阻挡作用和摩擦作用（廖菲等，2007）。

9.1　地形动力效应

地形的形状（如地形高度、坡度、尺度以及几何形态等）均对水汽输送及降水有着深远的影响（傅抱璞，1992；王凌梓等，2018；吴国雄和张永生，1999；张杰等，2007）。Roe（2005）全面地总结了地形对降水的七种动力效应（图9.1）。其中，图9.1（a）是基本的气流遇山时形成的迎风坡降水，降水主要发生在迎风坡，背风坡降水较少。图9.1（b）是大气层结稳定、过山气流较弱，导致气流在山坡附近形成阻塞，进而加强其上层大气的抬升凝结降水。图9.1（c）是蒸发冷却导致在迎风坡面产生下坡风。图9.1（d）是由于气流绕山作用，在背风坡面形成辐合上升导致的地形降水。图9.1（e）是太阳辐射导致的向阳面山坡对流诱发的阵性降水。图9.1（f）是过山气流遇到不稳定大气层结，气团被抬升至自由对流高度以上时继续上升，进而影响云微物理机制产生的对流降水。图9.1（g）是小尺度山脉上会发生的播种－供给云降水机制（Roe，2005）。

地形引起气旋式辐合是地形降水形成的一个重要的动力要素。一方面地形使迎面而来的气流沿着地形爬升，产生爬升气流，暖湿空气在受地形强迫抬升过程中，在迎风坡易形成气旋式辐合，从而形成云降水；另一方面，当地形高大时，气流没足够大的动能过山，绕山而过，产生绕流（付超等，2017）。

地形降水同样受山脉地形的几何形状影响，不同尺度的地形影响降水的机制及

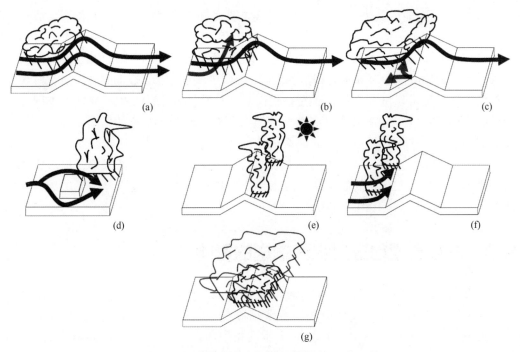

图 9.1 不同地形降水机制示意图（Roe，2005）

（a）迎风坡抬升；（b）气团局部阻塞；（c）蒸发冷却引发的下坡风；（d）背风坡绕流辐合；（e）太阳辐射引发对流；（f）机械抬升至自由对流高度以上引发的对流；（g）播种 - 供给云降水

结果不尽相同（Houze，2012）。对于小尺度地形而言，降水的形成主要与局地水汽含量、风速、大气稳定度以及地形坡度有关。地形降水以迎风坡降水为主，在迎风坡容易形成阻塞回流，潜热释放会抑制大气波动的后向传播，使得大气波动维持在迎风坡[图 9.1（b）]。背风坡的背风回流，由于其深度远大于地形高度以及迎风坡阻塞回流的深度，所以在背风坡不易形成降水。对于中尺度地形而言，地形的动力作用占主导，它是该尺度地形降水的主要诱因，该尺度地形以层状云降水为主，降水强度是迎风坡强于背风坡。同时，中尺度地形也会通过热力作用诱发部分迎风坡的浅对流降水和背风坡的深对流降水，对流降水强度在背风坡强于迎风坡。对于大尺度地形而言，降水则会出现在迎风坡和背风坡两侧。中层水汽潜热的释放破坏了大气稳定度，表现出背风坡流动特征，在背风坡形成回流。当降水区与背风坡的上升运动区相对应时，为典型的背风坡回流降水（付超等，2017）。西南低涡的形成很大程度上受青藏高原大地形的影响，当气流绕过时，青藏高原对南支气流的阻滞、绕流作用以及侧边界的摩擦作用促进了西南低涡的形成。

9.2 地形热力效应

地形的热力效应对降水及水汽输送也起着重要的作用（Siler and Roe，2014）。地形的热力效应主要是不同高度的地表接收太阳辐射使气流抬升并释放潜热引起的（付超等，2017）。高大地形受热不均一也可以诱发斜坡风和山谷风的形成，其都会形成大气辐合，进而有利于云的形成。当低层大气层结处于不稳定状态时，将有利于垂直环流的发展，使中、高层增温以及高层辐射增强，从而有利于地形垂直环流向上伸展和加强，形成正反馈，使得地形对降水有强烈的增幅效应（廖菲等，2007）。此外，研究发现，地形热力效应也可以激发大气定长波，进而导致持续性降水的发生（何钰和李国平，2013）。地形热力效应在西南低涡的发生发展过程中也起到了重要的作用，地形和潜热加热增加了气流的辐合，可以使低涡增加、高空辐散加强，进而影响西南低涡的强度（赵平等，1992）。此外，通过地面感热加热与暖平流作用，在西南低涡源地形成较大的非热成风涡度，在一定的层结和尺度条件下，其热成风调整过程可在低层形成暖性西南低涡（李国平等，1991）。

9.3 青藏高原地形对水汽输送的影响

青藏高原以面积大、海拔高著称，青藏高原上横亘竖列着许多陡峻的山脉，其大大影响水汽输送及降水的分布。青藏高原对水汽输送及降水分布的影响主要是通过青藏高原大地形的动力及热力效应协同作用的。研究发现，青藏高原东南部的季风气流有绕行和向北翻越青藏高原两个分支，绕行气流主要为我国东部地区带来水汽，翻越气流为青藏高原带来水汽。青藏高原以北的大部分地区以对流层中层的水汽输送为主；青藏高原南部以低层水汽输送为主。青藏高原以北的我国西北大部分地区，大气水汽输送通量散度为正值，即水汽输送为辐散，输入的水汽又被扩散出去了，没有在当地形成有效降水，这正是西北干旱区形成水汽的原因（王可丽等，2005）。

徐祥德等（2015）研究发现，青藏高原特殊的三阶梯大地形结构强化了海陆热力差异，尤其是青藏高原大地形使地气热力差异季节变化有由青藏高原向东部延伸的变化趋势。并且其与季风雨带由东南沿海移向西北，朝青藏高原与黄土高原边缘同步演进，两者似乎存在类似季节内演进的一种"动态的吸引"。中国季风强弱变化趋势和东部雨带时空变化特征皆与青藏高原热源强弱异常变化相对应。青藏高原热源异常通过影响低纬度海洋向陆地的水汽传输路径和强度，来调制中国东部降水时空演变。在青藏高原为热源强年时，中国降水变率空间分布特征分别为"北涝南旱"，反之则为"南涝北旱"。青藏高原多雪与少雪年水汽通量偏差场的显著水汽汇合区分布类似于夏季青藏高原热源与水汽通量的相关特征，从而可以揭示冬季青藏高原积雪冷源影响中国东部夏季长江流域梅雨水汽输送结构特征。青藏高原的热源强（弱）异常变化"强信号"将对东亚与南亚区域的夏季风降水时空分布以及季风水汽输送结构具有"前兆性"的指示意义。

此外，夏季青藏高原大地形作用叠加热力作用对我国西南部地区的水汽输送具有显著的影响。西风与季风的相互作用影响着中国西北地区的大气水汽输送，同时受到地形作用的影响，地形也会对水汽汇聚条件及大气垂直运动条件、下垫面热力与动力作用产生显著的影响。

9.4　峡谷地形对水汽输送的影响

　　峡谷地形的动力效应影响峡谷及周边地区水汽输送及降水的产生。当暖湿气流流经峡谷时，迎风坡的动力抬升作用有利于降水的形成和加强。峡谷地区地形多参差不齐，对气流有较大摩擦，阻滞气流前进，但有利于气流产生气旋性弯曲，这些作用对峡谷下部的影响大于峡谷上部，有利于峡谷下部形成降水；当气流流经较深的峡谷时，谷坡的阻碍会使气流产生回流现象，回流的气流与上部的暖湿气流形成闭合环流，使水汽留在谷内，一旦受到动力抬升即可对谷坡降水起增幅作用，该作用在较深的峡谷区表现明显（彭乃志和陈正洪，1996）。峡谷地区横断面的大小变化较大，流经峡谷的气流受地形影响，速度变化较大，涡度和散度也变化较大，将产生"峡谷效应"。"峡谷效应"和谷地的宽度、深度、温度层结、盛行气流、谷轴的交角等因素有关。数值模式试验揭示谷地的"峡谷效应"以稳定层结时最强，中性层结时次之，不稳定层结时最弱；盛行气流与谷轴的交角和谷地的相对深度是决定谷地中相对风速变化的主要因子；在一定相对深度下，当谷地的绝对深度增加或地转风速增大时，谷地的"峡谷效应"略有增强（余锦华和傅抱璞，1995）；谷地中的风向总是趋向于谷地的走向；谷地中相对风速与高度和交角有关；在地面以上到谷深 $1/2 \sim 2/3$ 及以下的气层中，相对风速的变化幅度较小，在谷地的上部，特别是在谷顶附近变化幅度增大（余锦华和傅抱璞，1995）。山区峡谷内中间位置风剖面最大风速大于两侧风剖面最大风速；峡谷内同一高度观测点的风速在峡谷横断面上呈抛物线变化；峡谷越窄，两侧山峰越高，峡谷内风场的"峡谷效应"越明显；风剖面风速拐点高度与峡谷高宽比成反比，峡谷高宽比越大，风剖面风速拐点高度就越小（洪新民等，2017）。除多变的峡谷地形外，峡谷还多喇叭口或迎风坡等地形，喇叭口地形使气流汇流迅速辐合，随即沿附近山地坡面爬升，多形成暴雨中心，峡谷内地面气压由于多变的地形作用，振动增多、波数增加、波长减小，其或与重力波有关（章淹，1983）。

　　由于热力作用影响，峡谷地区将形成山谷风和河陆风。白天风从谷底沿坡向上（即谷风和河风），速度逐渐向上增大，有利于上升气流的加强发展，从而有利于在谷坡上形成降水，夜间风从山顶沿坡向下（山风和陆风），速度逐渐增大，两边的气流在谷底相遇辐合上升，有利于谷底下部夜间形成降水（傅抱璞，1963）。

　　我国藏东南地区以喜马拉雅山东段和雅鲁藏布江河谷为主要地理特征，山脉众多，地形复杂且剧烈起伏，高度差巨大。藏东南地区复杂的地形对水汽辐合、辐散的影响具有复杂性和特殊性，既有经向、纬向差异，也有高低层差异（段玮等，2015）。该地区分布了多个南北向的狭长山谷，其是水汽从南向北输送的主要通道（Xu et al.，2014）。雅鲁藏布大峡谷的地形造成了由南向北输送的水汽容易从雅鲁藏布大峡谷进入青藏高原腹地，因此该地区的峡谷地形对水汽输送及周边区域降水分布有着重要的影响。

　　雅鲁藏布大峡谷下段的南北走向在地形上构成了一个巨大缺口，使得印度洋和孟加拉湾的暖湿气流得以沿缺口贯通峡谷将水汽带入青藏高原内部（杨逸畴等，1987）。雅鲁藏布大峡谷是青藏高原周边常年的大气水汽高值中心,河谷导流作用明显（梁宏等，2006）。青藏高原四周向青藏高原的水汽输送过程中，沿布拉马普特拉河—雅鲁藏布江方向进入青藏高原的水汽最多，与夏季长江流域以南向长江流域以北输送的水汽量相近，而青藏高原四周其他地区向青藏高原的水汽输送量仅为雅鲁藏布大峡谷向青藏高原水汽输送的1/5左右。因此，雅鲁藏布大峡谷是青藏高原地区最主要的水汽通道，输送方向为：沿布拉马普特拉河向东北方输送，后沿雅鲁藏布江下游向北输送，再自雅鲁藏布江大拐弯处向西北方向输送（杨逸畴等，1987）。水汽输送方向与该地区年降水量分布的"湿舌"一致，湿舌内降水量比青藏高原外围地区高出近一倍。由于这条水汽通道的作用，可将等值的降水带北移约5个纬距，还使青藏高原东南部的雨季起始时刻早于青藏高原同纬度其他地区一两个月。同时，由于该水汽通道的存在，印度洋暖湿气流得以不断向东北输送大量水汽，当副热带西风槽前的西南气流控制青藏高原东南部及南侧地区时，不仅青藏高原东南部及南侧地区带来大量降水，还会在青藏高原东侧地区产生大面积暴雨（高登义等，1985）。

　　雅鲁藏布江峡谷地形对大气水汽的导流作用有明显的季节变化，大气总水汽量的年变化为0.3～3.0 cm，不同季节大气环流对大气水汽分布的贡献及输送强度不同，水汽高值中心与大气环流有着密切的联系（梁宏等，2006）。大尺度上，该区域冬季受西风环流南支控制，夏季受西南季风和西风南支槽控制，因此，该区域的水汽主要源于印度洋、孟加拉湾的西南季风（冯彦和何大明，1997）。夏季，经雅鲁藏布大峡谷水汽通道向青藏高原腹地输送的水汽量居青藏高原外围各处向青藏高原输送的水汽量之冠，其是维持青藏高原水汽平衡的重要来源（塞泳啸，2001）。西风南支槽越过恒河平原，来自孟加拉湾的暖湿气流越过伊洛瓦底江流域和孟加拉国低地向青藏高原爬升时，地形陡峭迫使气流产生上升运动，从而有利于降水，与此同时，由于山体高耸，河谷成为水汽北上的通道。水汽通道所在处是水汽辐合中心，流域平均辐合约9.5 mm/d，主要来自风场辐合与地形坡度的贡献（张文霞等，2016）。另外，雅鲁藏布大峡谷对水汽输送不仅有通道作用，同时还有阻隔作用（梁宏等，2006）。由于山体与西南季风风向近乎正交，山体的阻隔作用明显，气流多次抬升形成降水，造成水汽由西向东递减（冯彦和何大明，1997）。在全球变暖背景下，大尺度环流随之调整，加剧了区域及全球的水循环过程，西南季风在该区域导流和阻隔下的表现特征仍有待进一步研究。

　　通过考察雅鲁藏布大峡谷以北林芝—那曲—拉萨地区夏季物理量分布，得知该区域整个夏季处于垂直上升运动状态，上层辐散下层辐合，300 hPa左右出现最大上升速度和无辐散层。涡度分布显示高空为反气旋系统，低空为气旋系统。这一地区夏季是热源而潜热变化在其中起较大作用，辐射加热的作用也不可忽视。三地降水同步，变化一致，其中那曲和林芝吻合度更好，表明林芝是那曲水汽输送的来源。该地区为水汽汇，截留量大，不利于水汽继续向西北方向输送。改变地形，使地形成为最不利于降水的平缓斜坡，可使水汽输送的损耗减小40%，但其仍不足以构成有效的水汽输送。

所以，峡谷局部地形阻碍水汽输送，但青藏高原本身的大地形造成大尺度环流形式同样不利于水汽向西北输送（塞泳啸，2001）。

2018 年雅鲁藏布大峡谷水汽通道科学考察队研究骨干对藏东南的雅鲁藏布、帕隆藏布、易贡藏布大峡谷进行了实地考察，在雅鲁藏布大峡谷、帕隆藏布大峡谷部署了各类观测设备，通过对六个站观测的风向特征统计分析可以看出（图 9.2），各站的主导风向均与各自所处的山谷走向一致，反映出峡谷地形对局地环流和水汽输送的重要影响。

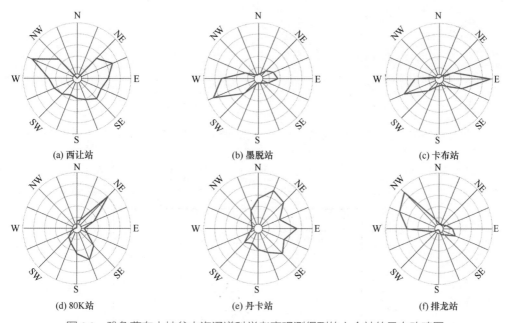

图 9.2　雅鲁藏布大峡谷水汽通道科学考察观测得到的六个站的风向玫瑰图

图 9.3 是对降水事件发生前后 TCWV 的变化统计，可以看到，墨脱站的 TCWV 在发生降水的时候达到最大，而处于峡谷上游高海拔的卡布站统计得到的 TCWV 的最高值只比降水提前 1 h，两个站分别处于峡谷的入口和中段，TCWV 和降水的峰值时间有较小的差异，分析认为，两站均处于峡谷中，水汽的增加能快速被地形抬升形成降水，从而使得水汽的增加与降水事件发生时间很接近。墨脱站的 TCWV 与降水时滞相关系数的平方高达 0.84，卡布站的相关系数要小一些，为 0.65。

图 9.4 给出了非青藏高原地区的水汽输送和降水量的关系图，作者认为，48 h 的回归分析相关系数最高，即水汽输送和降水大约有两天的时间差。这一特征显著区别于雅鲁藏布大峡谷地区，分析认为，雅鲁藏布大峡谷地区由于地形的抬升作用，从南部进入雅鲁藏布大峡谷的水汽能够快速饱和产生降水。另外，针对几次降水过程进行了特例分析，从图 9.5 可以看出，2019 年 5 月 9 日水汽总量的异常和降水有很好的一致性，降水发生时水汽总量的异常较高，5 月 12 日也呈现相同的规律，但是 7 月 6 日和 9 月 22 日水汽总量的异常和降水没有一致变化，降水发生时并没有观测到异常高的

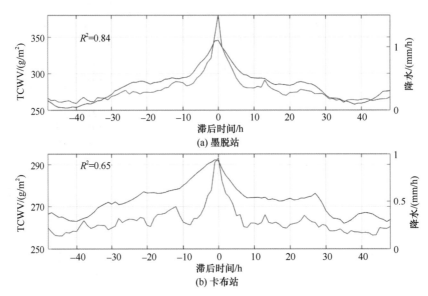

图 9.3　雅鲁藏布大峡谷水汽通道墨脱站、卡布站观测的降水事件前后 48 h 统计的 TCWV 和降水的合成图

只统计降水量大于 0.6 mm/h 的事件，基于 2018 年 11 月~ 2019 年 7 月的观测数据，蓝线为 TCWV，红线为降水

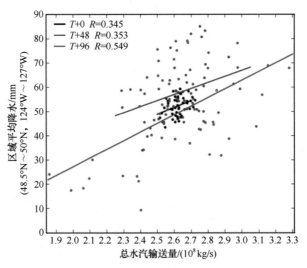

图 9.4　整层大气的水汽输送与降水量的关系（图片来自 Lavers et al.，2018）

黑点表示 $T+0$ 时的总水汽输送量和 $T+0$ 至 $T+24$ 时积的降水量；蓝点表示 $T+48$ 时的总水汽输送量和 $T+48$ 时至 $T+72$ 时积的降水量；红点表示 $T+96$ 时的总水汽输送量和 $T+96$ 时至 $T+120$ 时的累积降水量。图中绘制了线性回归线，图例中给出了线性 Pearson 相关性（在 0.05 水平上显著）

水汽总量，说明 7 月和 9 月的这两次降水过程显著区别于 5 月的两次降水过程。

　　由于观测资料的限制，目前仍没有对雅鲁藏布大峡谷水汽通道内的水汽输送过程做过深入研究，西南季风输送来的水汽是如何穿越雅鲁藏布大峡谷从而进入青藏高原腹地的还需要深入研究。今后应利用本次科考获得的长期观测资料分析雅鲁藏布大峡

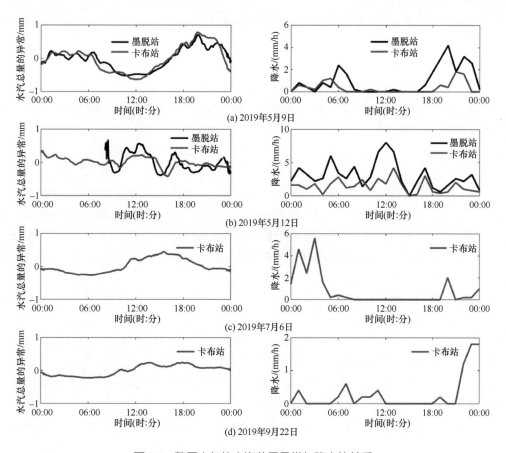

图 9.5　整层大气的水汽总量异常与降水的关系

谷地区水汽输送和降水的时间差，通过两者的回归分析及水汽输送的实时观测来预报该地区的降水。

参考文献

段玮, 段旭, 徐开, 等. 2015. 从水汽角度对青藏高原东南侧高空探测布局的分析. 高原气象, 34(2): 307-317.

范广洲, 吕世华. 1999. 地形对华北地区夏季降水影响的数值模拟研究. 高原气象, 18(4): 659-667.

冯彦, 何大明. 1997. 滇西北高山峡谷区的水汽特征及水资源利用. 云南地理环境研究, 9(1): 40-48.

付超, 谌芸, 单九生. 2017. 地形因子对降水的影响研究综述. 气象与减灾研究, 40(4): 318-324.

傅抱璞. 1963. 河谷内的风速. 气象学报, 33(4): 518-526.

傅抱璞. 1992. 地形和海拔高度对降水的影响. 地理学报, 59(4): 302-314.

高登义, 邹捍, 王维. 1985. 雅鲁藏布江水汽通道对降水的影响. 山地学报, 3(4): 51-61.

何钰, 李国平. 2013. 青藏高原大地形对华南持续性暴雨影响的数值试验. 大气科学, 37(4): 933-944.

洪新民, 郭文华, 熊安平. 2017. 山区峡谷风场分布特性及地形影响的数值模拟. 长安大学学报, 37(5): 56-64.

塞泳啸. 2001. 雅鲁藏布大峡谷地形变化水汽通道作用研究. 北京: 中国科学院大气物理研究所.

李国平, 万军, 卢敬华. 1991. 暖性西南低涡生成的一种可能机制. 应用气象学报, 2(1): 91-99.

梁宏, 刘晶淼, 李世奎. 2006. 青藏高原及周边地区大气水汽资源分布和季节变化特征分析. 自然资源学报, 21(4): 526-534.

廖菲, 洪延超, 郑国光. 2007. 地形对降水的影响研究概述. 气象科技, 35(3): 309-316.

彭乃志, 陈正洪. 1996. 三峡库区地形与暴雨的气候分析. 南京大学学报: 自然科学版, 32(4): 728-731.

舒守娟, 王元, 李艳. 2006. 西藏高原地形扰动对其降水分布影响的研究. 水科学进展, 17(5): 585-591.

王可丽, 江灏, 赵红岩. 2005. 西风带与季风对中国西北地区的水汽输送. 水科学进展, 16(3): 432-438.

王凌梓, 苗峻峰, 韩芙蓉. 2018. 近10年中国地区地形对降水影响研究进展. 气象科技, 46(1): 64-75.

吴国雄, 张永生. 1999. 青藏高原的热力和机械强迫作用以及亚洲季风的爆发 II.爆发时间. 大气科学, 23(1): 51-61.

徐祥德, 赵天良, 施晓晖. 2015. 青藏高原热力强迫对中国东部降水和水汽输送的调制作用. 气象学报, 73(1): 20-35.

杨逸畴, 高登义, 李渤生. 1987. 雅鲁藏布江下游河谷水汽通道初探. 中国科学(B辑), (8): 893-902.

余锦华, 傅抱璞. 1995. 山谷地形对盛行气流影响的数值模拟. 气象学报, 53(1): 50-60.

张杰, 李栋梁, 何金梅, 等. 2007. 地形对青藏高原丰枯水年雨季降水量空间分布的影响. 水科学进展, 18(3): 319-326.

张文霞, 张丽霞, 周天军. 2016. 雅鲁藏布江流域夏季降水的年际变化及其原因. 大气科学, 40(5): 965-980.

章淹. 1983. 地形对降水的作用. 气象, 9(2): 9-13.

赵平, 胡昌琼, 孙淑清. 1992. 一次西南低涡形成过程的数值试验和诊断 II: 涡度方程和能量转换函数的诊断分析. 大气科学, 16(2): 177-184.

Houze R A. 2012. Orographic effects on precipitating clouds. Reviews of Geophysics, 50(1): 1-47.

Lavers D A, Rodwell M J, Richardson D S, et al. 2018. The gauging and modeling of rivers in the sky. Geophysical Research Letters, 45(15): 7828-7834.

Roe G H. 2005. Orographic precipitation. Annual Review of Earth and Planetary Sciences, 33: 309-316.

Schneider L, Barthlott C, Barrett A I, et al. 2018. The precipitation response to variable terrain forcing over low mountain ranges in different weather regimes. Quarterly Journal of the Royal Meteorological Society, 144(713): 970-989.

Siler N, Roe G. 2014. How will orographic precipitation respond to surface warming? An idealized thermodynamic perspective. Geophysical Research Letters, 41(7): 2606-2613.

Xu X, Zhao T, Lu C, et al. 2014. An important mechanism sustaining the atmospheric "water tower" over the Tibetan Plateau. Atmospheric Chemistry and Physics, 14(20): 11287-11295.

第 10 章

热带海气过程对青藏高原水汽
输送及降水的影响

本章将回顾热带海气过程影响青藏高原水汽输送及降水的研究进展，从气候系统中最显著的年际变化——厄尔尼诺－南方涛动（El Niño-Southern Oscillation，ENSO）出发，分别给出了 ENSO 通过印度洋与大西洋路径影响青藏高原环流及降水的机制。从印度洋路径来看，ENSO 可以通过沃克环流调制印度洋－西太平洋电容器（IPOC）模态，IPOC 模态则进一步通过西北太平洋副热带高压（NWPAC）与南亚季风影响青藏高原东南部降水：5 月时，季风的推迟与异常下沉气流引起的水汽辐散使青藏高原东南部降水减少，6～8 月，伴随着 NWPAC 的季节性北跳与南亚季风的北上，青藏高原东南部降水增多。与青藏高原东南部不同，青藏高原西南部则主要受印度次大陆低压对流系统的影响，其通过 up-and-over 机制使得青藏高原西南部夏季降水增多；从大西洋路径来看，ENSO 可以通过沃克环流及波导作用调制北大西洋涛动（NAO）模态，夏季 NAO 模态则继续向下游激发环绕全球的遥相关波列（CGT）来影响青藏高原东部环流，当 NAO 为负位相时，青藏高原东部呈现东南降水多、东北降水少的反向分布。因此，热带海气过程作为一个源头，驱动上述两类机制共同作用，在夏季协同影响青藏高原环流及降水。本章还将讨论青藏高原感热气泵对青藏高原降水的影响，总结现有研究的缺陷与不足，对未来的研究方向进行展望。

青藏高原被誉为"世界第三极"（Qiu，2013）与"亚洲水塔"（Xu et al.，2008），平均海拔 4000 m，占地约 2.3 亿 km²，是世界上最壮丽的景象之一，对亚洲乃至整个北半球的气候有着举足轻重的影响。青藏高原降水主要集中在夏季，在空间上呈现从东南向西北递减的趋势。青藏高原上有三条主要的水汽通道，分别来自孟加拉湾、南海与中纬度西风带（Simmonds et al.，1999）。四大气候系统主导着青藏高原的水汽输送，包括印度季风系统、中纬度西风带、东亚季风系统和高原季风系统（图 10.1）（Bolch

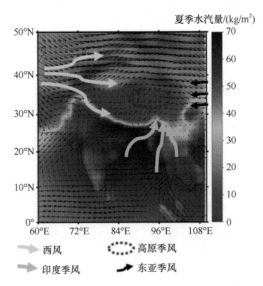

图 10.1　调制青藏高原水汽输送的气候系统示意图（Ma et al.，2018）

绿色箭头代表南亚或印度季风系统；灰色箭头代表中纬度西风带；黑色箭头代表东亚季风系统；红色虚线椭圆代表局地水循环（也叫作高原季风系统）。叠加的背景图为 2016 年夏季水汽量（integrated water vapor，IWV）（单位 kg/m²）和 500hPa 的平均风场

et al., 2012；Duan et al., 2011；Tang and Reiter, 1984；Tian et al., 2007；Xu et al., 2008；Yao et al., 2012），印度季风系统与东亚季风系统分别将阿拉伯海 – 孟加拉湾与南海 – 西太平洋的水汽输送到青藏高原南边界，中纬度西风带将大西洋水汽输送至青藏高原西边界（Sun et al., 2011；Wang and Chen, 2012），由此可见，印度洋 – 西太平洋与大西洋的大尺度环流系统对青藏高原环流及降水起着重要作用。

ENSO 作为气候系统中最显著的年际信号，对全球的气候变率有着重要的影响（Bjerknes, 1969；Jin, 1997；Neelin et al., 1998；Schopf and Suarez, 1988；Wallace et al., 1998；Wyrtki, 1975）。首先，ENSO 可以通过遥相关影响中高纬度环流，如 ENSO 通过太平洋 – 北美（PNA）与太平洋 – 南美（PSA）遥相关波列分别影响北美（Hoskins and Karoly, 1981；Wallace and Gutzler, 1981）与南美气候（Hoskins and Karoly, 1981；Rasmusson and Mo, 1993）[图 10.2（a）]，ENSO 还可以通过调制西北太平洋异常反气旋（WNPAC）影响东亚气候（Stuecker et al., 2015；Wang et al., 2000；Xie et al., 2009, 2016；Yang et al., 2007）。其次，ENSO 可以通过沃克环流与哈得

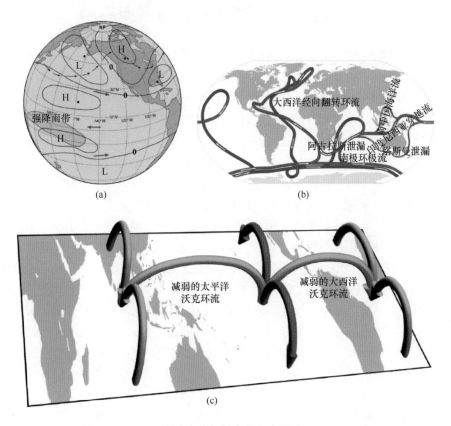

图 10.2　ENSO 影响全球气候变化示意图（Wang，2019）

（a）太平洋 – 北美模态，红色阴影表示 El Niño 发生时的降水异常，"H" 与 "L" 分别表示正与负位势高度异常，带箭头的黑色虚线表示副热带急流，红色箭头表示东风带、西风带。（b）全球海洋环流输送带，红色表示表层暖水，蓝色表示深层冷水。（c）El Niño 发生时沃克环流与哈得来环流变化示意图。当 El Niño 发生时，太平洋与大西洋上沃克环流减弱，东太平洋哈得来环流增强，大西洋与印度洋 – 西太平洋哈得来环流减弱

来环流直接影响热带印度洋与大西洋海气异常（Klein et al.，1999；Wang，2002a，2002b，2019）[图10.2（c）]。最后，ENSO 还可以通过调制海洋贯穿流 [如印度尼西亚贯穿流（ITF）、南海贯穿流（SCSTF）、塔斯曼溢流（TL）等] 调制三大洋之间的热量输送（Clarke and Liu，1994；England and Huang，2005；Kataoka et al.，2014；Marshall et al.，2015；Meyers，1996；Qu et al.，2019；Rintoul and Sokolov，2001；Tozuka et al.，2014；van Sebille et al.，2014；Wijffels and Meyers，2004）[图10.2（b）]。由此可见，ENSO 对印度洋 – 西太平洋与大西洋大尺度环流具有重要的调制作用。

为此，从 ENSO 出发，总结不同路径下各种气候系统 [如印度洋海盆一致模态（IOBM）、ISM、NAO 等] 对青藏高原环流及降水的影响。由于青藏高原夏季降水占总降水的 70%（Ma et al.，2016；Tong et al.，2014），因此关注的季节主要为夏季。本章结构安排如下：第一部分为 ENSO 通过印太暖池路径影响青藏高原，第二部分为 ENSO 通过大西洋路径影响青藏高原，总结与讨论将在最后一部分给出。

10.1 ENSO 通过印太暖池路径影响青藏高原

10.1.1 ENSO 影响印太暖池

厄尔尼诺（El Niño）事件一般在春夏季发展，秋冬季成熟，随后衰减。一般而言，在 El Niño 次年的春季，热带印度洋通常呈现出明显的海表温度增暖现象（Alexander et al.，2002；Klein et al.，1999；Lau and Nath，2000，2003；Nigam and Shen，1993）。这种海表温度往往表现出海盆一致的增暖模态（Liu and Alexander，2007；Schott et al.，2009），因而也被称为印度洋海盆一致模态（IOBM）（Yang et al.，2007），其是印度洋海表温度变率的主导模态。研究表明，IOBM 受到多种气候变率的影响，ENSO 是其中最重要的因子之一（Huang et al.，2011；Li et al.，2008；Wu et al.，2009；Xie et al.，2009）。一方面，El Niño 可以通过"大气桥"改变进入印度洋表面的热通量，进而引起印度洋海表温度的增暖（Alexander et al.，2002；Klein et al.，1999；Lau and Nath，2003；Tokinaga and Tanimoto，2004），然而，这种机制对于西南印度洋增暖的贡献却相对较小（Klein et al.，1999），这是由于西南印度洋温跃层较浅、海洋动力反馈作用较强，因此海洋的动力过程对海表温度的影响更为重要（Huang and Kinter，2002；Xie et al.，2002）。另一方面，El Niño 引起的印度洋上的辐散下沉气流可以激发海洋罗斯贝（Rossby）波，Rossby 波西传至西南印度洋时会减弱海水的上翻，进而引起局地海表温度的增暖。

印度洋海温增暖不仅仅受到 ENSO 的调制，还可以通过"电容器"效应对 NWPAC 乃至东亚气候产生影响（Xie et al.，2009，2016；Yang et al.，2007）。西南印度洋增暖可以在大气中激发赤道以北（南）为东北风（西北风）的不对称模态 [图10.3（b）]。值得注意的是，该东北风异常也是 NWPAC 的一部分，NWPAC 南边界的东风可以伸展至孟加拉湾与印度，在季风爆发时期抵消西南季风引起北印度洋的二次

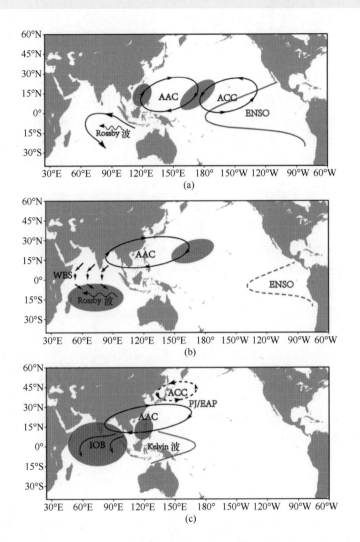

图 10.3　与 El Niño 有关的印度洋 – 太平洋海温与大气环流异常示意图（Xie et al.，2016）

(a) 12 月至次年 2 月，El Niño 通过西传的海洋 Rossby 波影响南印度洋；(b) 3 ～ 5 月，Rossby 波使得西南印度洋出现异常增暖，在大气中激发不对称风场模态；(c) 6 ～ 8 月，印度洋二次增暖在对流层中激发 Kelvin 波向西太平洋传播，激发西北太平洋反气旋和东亚 – 太平洋遥相关影响东亚气候。AAC（anomalous anticyclone circulation，异常反气旋环流），ACC（anomalous cyclonic circulation，异常气旋环流），IOB（Indian Ocean basin，印度洋海域），WES（wind-evaporation-SST feedback，风蒸发海表温度反馈），PJ（Pacific-Japan，太平洋和日本海域），EAP（East Asia-Pacific，东太平洋）

增暖（Du et al.，2009）。除此之外，正 IOBM 事件可以增强 NWPAC 与南亚高压（He et al.，2015；Terao and Kubota，2005；Wu et al.，2000；Yang and Liu，2008；Yang et al.，2007），其激发的大气开尔文（Kelvin）波导致的埃克曼（Ekman）辐散是 NWPAC 维持到夏季的主要机制之一（Xie et al.，2009）[图 10.3(c)]，同时，正 IOBM 事件也可以增强海洋性大陆与西北太平洋之间的哈得来环流，导致西北太平洋有异常的下沉气流（Wu et al.，2009；Zhu et al.，2014），从而对反气旋的维持具有一定贡献。因此，北印度洋增暖与夏季 NWPAC 之间存在正反馈作用（Kosaka et al.，2013）。与印度洋海表温度强迫机制不一样，有研究指出西北太平洋局地冷海温的反馈作用对 NWPAC 的形成和维持起到了重要作用（Wang et al.，2000）[图 10.3(a)]；其他的研究指出 ENSO 衰减年 NWPAC 的维持则归因于 ENSO 与年循环相互作用的组合模态（Stuecker et al.，2013，2015，2016；Zhang et al.，2015a，2016）。进一步地，Xie 等（2016）整合了局地冷海温的反馈和印度洋电容器效应的观点，提出春夏印度洋－太平洋地区存在一个季节性演变的耦合模态，即印度洋－西太平洋电容器（IPOC）模态，IPOC 模态源于印太地区的海气相互作用，其对延长夏季 ENSO 的气候影响有着重要的贡献。

10.1.2　印太暖池影响青藏高原

　　IPOC 模态作为春夏印度洋－西太平洋最重要的耦合模态，其子系统（IOBM、NWPAC 等）显著影响青藏高原夏季降水，然而青藏高原东南与西南部的影响机制略有不同。对于青藏高原东南部，其降水主要受南亚季风与 NWPAC 影响，且这种影响具有显著的季节性差异。3 月、4 月时，NWPAC 南部的东北风异常延伸至北印度洋，同时正 IOBM 事件引起欧亚大陆与印度洋温差减弱，这些均对 5 月南亚季风的爆发起着推迟作用（Chen and You，2017；Zhao et al.，2018；梁肇宁等，2006；袁媛和李崇银，2009）。季风系统可以通过调控青藏高原附近的水汽输送（Dong et al.，2016；Feng and Zhou，2012）和青藏高原上陆－气间的能量交换（Zhou et al.，2015），进而影响青藏高原南部夏季降水，因此季风的推迟会引起 5 月青藏高原东南部降水的减少。除了季风的影响，3 月、4 月西南印度洋增暖可以在东北－西南向激发一个异常的经向环流（图 10.4 绿色四边形），环流下沉使得青藏高原东南部产生水汽辐散（Zhao et al.，2018）（图 10.5），对青藏高原 5 月降水减少起到一定贡献。而到了夏季（6～8 月），由于 IOBM 的"电容器"效应，NWPAC 继续维持。同时，NWPAC 的季节性北跳使得孟加拉湾的东风异常也随之北移，在反气旋的作用下，孟加拉湾东风异常转为北风异常，南亚季风增强北进，孟加拉湾水汽北上青藏高原，因此青藏高原东南部降水在夏季是增多的（任倩等，2017）。伴随青藏高原东南部对流的增强，Jiang 和 Ting（2017）

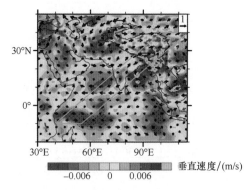

图 10.4　IOBM 指数回归 5 月印度洋 500 hPa 风场（箭头，m/s）与垂直速度场（阴影，彩色数轴的负值为上升运动，正值为下沉运动）（Zhao et al.，2018）

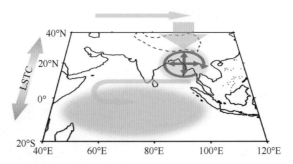

图 10.5 5 月印度洋海温影响高原降水示意图（Chen and You，2017）

红色阴影代表正 IOBM 事件；绿色箭头代表高层与低层风场；黄色箭头代表下沉气流；红色箭头代表反

气旋环流；紫色箭头代表水汽的辐散；LSTC 指海 – 陆热力差异

发现，印度次大陆中北部对流是减弱的，上述两区域夏季降水呈现反向跷跷板结构
（图 10.6），他们认为青藏高原东南部对流增强会在印度次大陆与青藏高原之间激发异
常的沃克环流，环流下沉抑制了印度次大陆中北部的对流降水，除此之外，夏季东南
印度洋、海洋性大陆的对流加热与"丝绸之路遥相关"也对降水的反向结构起到一定
作用（Jiang et al.，2016；Jiang and Ting，2017）。

相较于青藏高原东南部，青藏高原西南部降水则主要受到南亚季风与印度次大陆
上季风对流系统的影响。Zhou 等（2013）比较了季风活跃期与不活跃期青藏高原附近
的水汽输送，发现活跃期时印度东北部出现的气旋（季风槽）可以为青藏高原西南部
带来大量水汽辐合，进一步地，Dong 等（2016，2017）给出了南亚季风影响青藏高原
西南部降水的机制 [图 10.7(a)]：印度次大陆上季风低压对流系统首先将水汽抬升至高
层，然后在高空西南气流的作用下，水汽平移至青藏高原西南部引起其降水增加。图

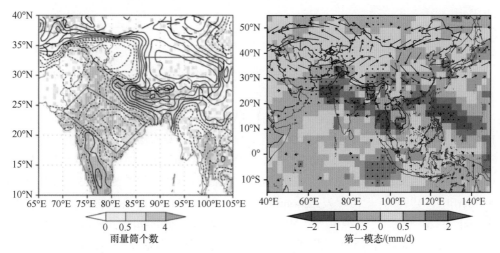

图 10.6 印度次大陆中北部与青藏高原东南部降水的反向结构示意图（Jiang and Ting，2017）

(a) 7 ～ 8 月上述区域降水 EOF 第一模态（等值线，实线为正，虚线为负）与雨量筒个数（阴影）；(b) 第一模态的时间

系数 PC1 回归 GPCP 降水（阴影，mm/d）与 200 hPa 风场（m/s）

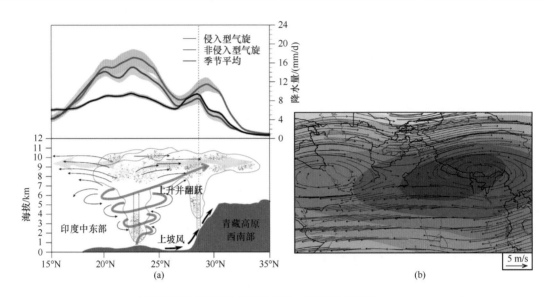

图 10.7　南亚季风影响青藏高原西南部降水机制示意图（Dong et al.，2016）

（a）侵入型（红色）与非侵入型气旋（蓝色）合成夏季降水剖面图，侵入型气旋指的是 up-and-over 机制可以将印度次大陆水汽平移至青藏高原西南部的气旋；（b）侵入型气旋合成湿静力能量（阴影）与 300 hPa 风场

10.7（b）中所示的环流源自季风对流加热与高空西风急流的相互作用，这种相互作用可以在北半球中纬度激发 CGT 波列（Ding and Wang，2005；Yang et al.，2009），此波列是大西洋影响青藏高原环流的关键路径，将在 10.2.2 节中详细介绍。

10.2　ENSO 通过大西洋路径影响青藏高原

10.2.1　ENSO 影响大西洋

北大西洋涛动（NAO）作为北大西洋最显著的年际变率之一，表现为冰岛低压与亚速尔高压之间的反向跷跷板结构。研究表明，NAO 的年际变率受到 ENSO 的影响，以往的研究指出，El Niño 的冬天往往伴随着 NAO 负位相，La Niña 则相反（Brönnimann et al.，2007；Gouirand and Moron，2003）。然而，这种关系却表现为强的非稳定性。例如，相较于 El Niño，La Niña 与 NAO 的关系似乎更加稳健（Pozo-Vázquez et al.，2005；Zhang et al.，2015b）。这种关系的不确定性主要源于 NAO，还受到热带外环流（Kumar and Hoerling，1998）、火山爆发（Brönnimann et al.，2007）、背景态的年代际变化（Wu and Zhang，2015）等一些独立于 ENSO 的气候因子（Garfinkel and Hartmann，2010；Mathieu et al.，2004）的调制。尤其是最近的研究发现，ENSO 的多样性对其与 NAO 关系有重要的影响，如两类 La Niña 所伴随的北大西洋急流与 NAO 几乎相反（Zhang et al.，2015b，2019），两类 El Niño 对 NAO 的影响位相大致一致，但是强度差异较大（Graf and Zanchettin，2012；Zhang et al.，2019），这些差异与热带局地的异常对流和遥相关型紧密联系。迄今为止，ENSO 如何影响 NAO 还未有定论，可能机制有以下三种：首先，北太平洋是 ENSO 影响北大西洋大气环流的一个桥梁（Graf and Zanchettin，2012；Wu and Hsieh，2004），ENSO 通过影响北太平洋低频大气并调制该区域的天气波动能量，以及通过天气波动能量下游频散增长机制改变大西洋低频大气（Cassou and Terray，2001；Drouard et al.，2015；Graf and Zanchettin，2012；Li and Lau，2012a，2012b；Pozo-Vázquez et al.，2005）。其次，平流层也可以连接太平洋与大西洋之间的气候（Bell et al.，2009；Castanheira and Graf，2003；Ineson and Scaife，2009），ENSO 可以通过平流层把能量传到北大西洋，从而影响该区域的大气环流（Robertson et al.，2000；Watanabe and Kimoto，1999）。最后，ENSO 会调制热带北大西洋的海温，进而影响北大西洋大气异常分布（Alexander et al.，2002；Curtis and Hastenrath，1995；Wolter，1987）。

10.2.2　大西洋影响青藏高原

NAO 与青藏高原夏季降水密切相关（Cui et al.，2015；Li et al.，2008；Liu et al.，2015；Liu and Yin，2001；Wang et al.，2017；Yang et al.，2004）。早期研究表明，青藏高原夏季降水在空间上呈现东南与东北反相的模态（王晓春和吴国雄，1997；Liu and Yin，2001；Liu and Zhang，1998；Nitta and Hu，1996）（图 10.8），Liu 和 Yin（2001）认为这种模态与 NAO 密切相关，他们发现，当 NAO 处于负位相时，青藏高原东北侧降水减少，东南侧降水增多，反之亦然（图 10.9），但是 NAO 影响青藏高原的机制并不清楚。进一步地，Yang 等（2004）研究表明，冬春的 NAO 可以通过影响西风急流的强度、位置以及高频的涡旋活动，进而影响下游的亚洲季风系统，从而导致青藏高原夏季降水的变化。随后，Ding 和 Wang（2005）发展了 Yang 等（2004）的观点，他们提出在北半球夏季，北大西洋—欧洲—亚洲—北太平洋—北美存在一个环绕全球的遥相关波列——CGT 波列，CGT 波列连接着全球的气候，其激发和维持与两种可能机制有关：①印度季风对流加热与高空西风急流相互作用可以激发 Rossby 波向下游传播，对太平洋、北美地区气候产生影响 [图 10.10（a）]；②北大西洋急流出口区较强的正

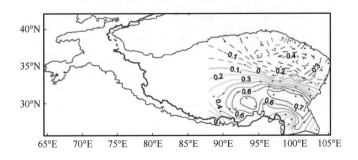

图 10.8　青藏高原夏季降水 EOF 第一模态（等值线）（Liu et al.，2015）

点为青藏高原测站位置

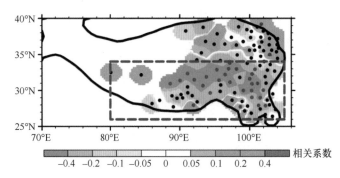

图 10.9　夏季 NAO 指数与同期青藏高原降水异常相关系数（Wang et al.，2017）
点为青藏高原测站位置

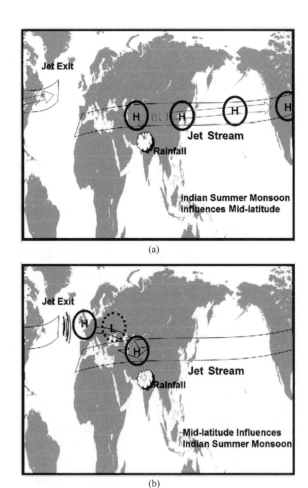

图 10.10　CGT 激发和维持的两种可能机制示意图（Ding and Wang，2005）

Jet Exit，急流出口；Jet Stream，急流系统；H（high pressure），高压区；L（low pressure），低压区；Rainfall，降水；Mid-latitude Influences Indian Summer Monsoon，中纬度影响印度夏季风；Indian Summer Monsoon Influences Mid-latitude，印度夏季风影响中纬度地区

压不稳定激发 Rossby 波向下游传播，对欧洲、亚洲的气候产生影响 [图 10.10（b）]。由此可见，CGT 波列是 NAO 影响青藏高原环流与降水的主要桥梁。Liu 等（2015）认为 NAO 负位相时，CGT 波列引起的环流异常使得夏季青藏高原东南侧降水增加；Wang 等（2017）则进一步给出了 NAO 调制青藏高原东南部降水的主要机制，认为由 NAO 激发的 CGT 波列在青藏高原中南部表现为气旋性环流（图 10.11），此时青藏高原的斜压结构被削弱，对水汽的"抽吸作用"因此减弱，同时，NAO 正位相时亚洲急流北移，青藏高原西边界的水汽输送也减弱，最终导致青藏高原东南部降水减少（图 10.12）。

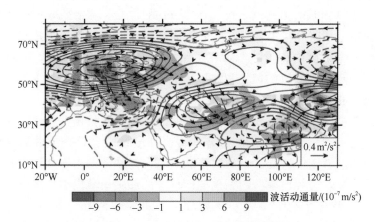

图 10.11　夏季 NAO 指数回归 200 hPa 流函数（等值线，紫色为零值线，蓝色为正，红色为负）与波活动通量（箭头）（Wang et al.，2017）

阴影代表波活动通量的辐散

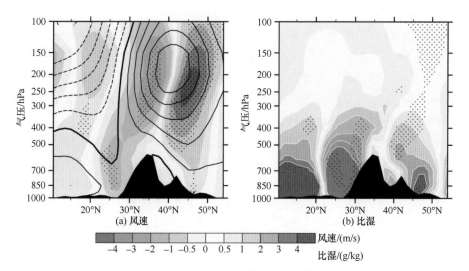

图 10.12　（a）1980 ~ 2010 年夏季 75°E ~ 85°E 平均的纬向风气候态（等值线，加粗实线为零线，未加粗实线为正，虚线为负）与夏季 NAO 强弱年纬向风差异（阴影）；（b）夏季 NAO 强弱年比湿差异（Wang et al.，2017）

10.3 热带大气季节内振荡对藏东南气候的影响

藏东南地区位于印度季风区的东北侧和东亚季风的西南侧，属于两大季风的交汇区，同时处于东亚季风区的上游。因此，藏东南地区的气候同时受到南亚和东亚季风的影响，但主要还是受到印度季风的影响，其还可以对东亚季风区的天气气候产生重要影响。季节内振荡（intraseasonal oscillation，ISO）是一个相对宽带的现象，周期范围为 20～90 天，但 30～60 天周期特征占优势，故又称为 30～60 天振荡或 40～50 天振荡。早在 20 世纪 60 年代，谢义炳等（1965）揭示了北半球冬季在东南亚和西太平洋上空的环流场就存在 1 个月左右的准周期变化，这是世界上最早发现季节内振荡的研究，但并未被国内和国际学术界所熟知。20 世纪 70 年代初，Madden 和 Julian（1971，1972）发现热带大气的风场和气压场变化存在 40～50 天周期性大尺度振荡现象，此振荡现象被国际学术界称为 MJO（Madden-Julian Oscillation），这一现象受到气象学家的广泛关注，在热带主要是以纬向 1 波的结构向东传播，振荡源于热带印度洋和西太平洋（贾小龙和李崇银，2009），在中高纬度地区也有季节内振荡现象，但具有明显的区域和季节变化特征，中高纬度的季节内振荡纬向 1～4 波都很重要，夏半年 2～3 波更重要，中纬度季节内振荡向西传，高纬度季节内振荡冬半年向西传、夏半年向东传（李崇银，1991）。夏季主要分布在北半球 5°N～20°N 的南亚和西太平洋地区，而冬季主要分布在南半球 5°S～20°S 的印度洋和西太平洋地区。热带季节内振荡表现为斜压结构，风场和位势场在对流层上层和下层呈反相分布；而中高纬度季节内振荡则更多表现为对流层上下一致的正压结构（董敏和李崇银，2007；董敏等，2004）。

全球气候系统最强的年际信号 ENSO 也和热带的季节内振荡关系密切，印度夏季风的强度和 ENSO 年份有密切联系（李崇银和周亚萍，1994），典型的中断位相多发生于 El Niño 年份，而典型的活跃位相倾向于发生在 La Niña 年份。ENSO 和热带季节内振荡之间存在相互影响和相互作用的过程，El Niño 的海温正异常可使热带季节内振荡在 El Niño 期间偏弱，La Niña 期间偏强（李崇银和廖青海，1998）。因此，研究热带地区 30～60 天振荡对于 ENSO 预测也具有十分重要的理论和实际意义。

热带季节内振荡对南亚夏季风具有重要的影响。Yasunari（1980）研究发现，印度季风区的云量也存在 30～40 天周期振荡向东传播，表明季风活动和热带大气的季节内振荡有关。Krishnamurti 和 Subrahmanyam（1982）用 MONEX 资料研究发现，印度季风区的槽脊活动也存在 30～50 天的振荡，并且向北传播。200 hPa 速度势也存在 30～60 天向东传播的振荡（Lorenc，1984）。Suhas 和 Goswami（2008）指出，气候的 ISO 可以解释季节内振荡 20%～40% 的方差，印度夏季风的一个典型特征就是季节内振荡在 20°N 以北向北传播，并且在 1979 年以后向北传播的速度有增加趋势。59% 的印度夏季风建立发生在低频季节内振荡（20～60 天）的正的发展位相，而62% 的季风终止发生在高频季节内振荡（10～20 天）的正的衰减位相（Karmakar and

Misra，2019）。图 10.13 给出了合成的夏季南亚地区的 30 ~ 60 天带通滤波的 OLR（向上长波辐射）的时间 - 纬度分布图，可以看出，热带对流的季节内振荡具有明显的向北传播的特征，而且可以传播至 30°N 附近，也就是说，可以到达藏东南地区。传播速度大约为每天一个纬度，从赤道到北纬 30°N 需要 15 ~ 20 天（贾小龙等，2008）。

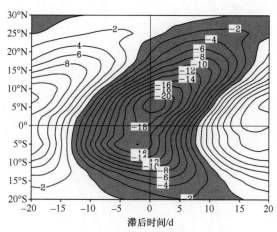

图 10.13　合成的 NCEP/NCAR 资料在南亚地区（70°E ~ 100°E）平均 30 ~ 60 天带通滤波 OLR 的纬度滞后时间图（单位：W/m²）（贾小龙等，2008）

阴影为负值区；横坐标为滞后时间

　　热带大气季节内振荡对青藏高原和东亚季风都具有重要影响。MJO 活动对青藏高原低涡的生成具有重要的调制作用（赵福虎等，2014），在 MJO 的活跃期生成的青藏高原低涡的数量为 MJO 不活跃期的 3 倍。北极涛动的异常偏弱和 MJO 异常不活跃导致云南 2009/2010 年秋、冬、春季连旱（琚建华等，2011；吕俊梅等，2012），当 MJO 处于第三位相时，西太平洋副热带高压强度偏强位置偏西，来自南海和西太平洋的水汽输送增加，导致广东 6 月降水增加，MJO 第六位相与第三位相的情况相反（林爱兰等，2013）。在华南前汛期，当 MJO 的活跃位置从印度洋转移到西太平洋时，华南地区的降水由偏多转为偏少（章丽娜等，2011）。MJO 的第一、二、三位相是台风的不活跃位相，而 MJO 的第五、六、七位相是利于台风生成的活跃位相，此位相环流场低层辐合和高层辐散、垂直切变较小的区域更广（周伟灿等，2015）。在 MJO 活跃（不活跃）位相强热带气旋和登陆气旋偏多（偏少），以转向（西移）路径的个例较多（祝丽娟等，2013）。

　　印度夏季风和南海季风都具有明显的 MJO 北传特征，但是两者北传的范围存在差异（阙志萍和李崇银，2011）。图 10.14 给出了两个季风区 30 ~ 60 天 850 hPa 纬向风在 1996 年的时间 - 纬度剖面图。可以看出，南亚季风区的 850 hPa 的纬向风存在四次北传过程，北传的边界基本上可以达到 30°N 附近，而南海夏季风的季节内振荡北传的边界约为 20°N。可见，印度夏季风的季节内振荡的北传要比南海夏季风强，可以到达藏东南地区。

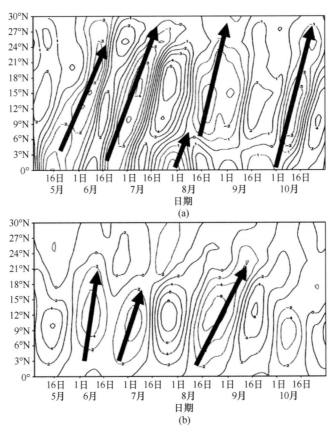

图 10.14　1996 年 70°E ~ 90°E(a) 和 100°E ~ 120°E(b) 经度带平均 850 hPa 30 ~ 60 天滤波低频纬
向风（单位：m/s）的时间–纬度剖面图（阙志萍和李崇银，2011）

箭头表示季节内振荡传播的方向

10.4　结论

本章讨论了 ENSO 对夏季青藏高原环流及降水的影响及大气季节内振荡对藏东南气候的影响，得到以下结论：

(1) ENSO 通过调制 IPOC 模态影响青藏高原南部降水。印度次大陆上低压对流系统主要影响青藏高原西南部，而 NWPAC 则主要影响青藏高原东南部。同时，青藏高原东南部降水也表现为显著的季节性差异，5 月时，由于季风的推迟与异常下沉气流引起的水汽辐散，青藏高原东南部降水减少，而到了 6 ~ 8 月，NWPAC 出现季节性北跳，南亚季风因此增强北进，青藏高原东南部降水增多。

(2) ENSO 通过调制 NAO 模态影响青藏高原东部降水。青藏高原夏季降水呈现东南多东北少的反向结构，这种结构与夏季 NAO 密切相关。夏季 NAO 可以激发 CGT 模态影响青藏高原东部环流，NAO 负位相有利于降水反向结构的维持。综上，两类机制对青藏高原不同区域降水贡献不同，但又共同作用、互为补充，在夏季协同影响青藏高原环流与降水。

值得注意的是，青藏高原降水主要集中在夏季，此时青藏高原中东部潜热释放强烈，夏季青藏高原成为一个巨大的热源。根据 Wu 等（2014，2017）和吴国雄等（2018）的研究，青藏高原上空在夏季会形成一个"感热气泵"，其对青藏高原四周大气的"抽吸"效应对亚洲夏季风的形成与维持起着重要贡献，有利于青藏高原夏季降水的增强。除此之外，青藏高原"感热气泵"还可以调制太平洋和大西洋的海温（Zhao and Chen，2001；Zhao et al.，2011，2012，2009），进而影响 ENSO、NAO 等大气环流，而这些又能显著影响青藏高原夏季降水。因此，青藏高原不仅受大尺度环流影响，更是大气环流的驱动因子，如何将青藏高原与季风系统等大尺度环流看作一个整体去探究青藏高原环流及降水的变化仍然是一个重大的挑战，除此之外，青藏高原上站点数据的精度与均一性也有待提高，青藏高原冬季降水变率的影响机制还不清楚，期待未来的研究能取得新的突破。

（3）藏东南地区是南亚季风和东亚季风的交汇区，对青藏高原的及其下游的天气气候具有重要影响。印度季风区 30 ～ 60 天振荡占总方差的比值约为 65%，表明季节内振荡对印度季风区水汽的输送具有非常重要的作用（阙志萍和李崇银，2011）。因此，认识藏东南地区水汽的季节内变化特征以及热带大气季节内振荡对藏东南水汽变化的影响，对于青藏高原和东亚季风区天气与气候的预测都具有重要的理论意义和实际价值。然而，藏东南地区的水汽输送带比较狭窄，再分析资料的精度很难满足藏东南地区水汽分析的需要（段玮等，2015；张文霞等，2016），因此非常有必要对藏东南地区及其雅鲁藏布江下游区域开展水汽观测试验和研究。

参考文献

董敏, 李崇银. 2007. 热带季节内振荡模拟研究的若干进展. 大气科学, 31(6): 1113-1122.

董敏, 张兴强, 何金海. 2004. 热带季节内振荡时空特征的诊断研究. 气象学报, 62(6): 821-830.

段玮, 段旭, 徐开, 等. 2015. 从水汽角度对青藏高原东南侧高空探测布局的分析. 高原气象, 34(2): 307-317.

高登义. 2012. 穿越雅鲁藏布大峡谷. 北京: 北京大学出版社.

高登义, 邹捍, 王维. 1985. 雅鲁藏布江水汽通道对降水的影响. 山地学报, 3(4): 51-61.

贾小龙, 李崇银. 2009. 热带大气低频振荡及其数值模拟研究. 北京: 气象出版社.

贾小龙, 李崇银, 凌健. 2008. 谱模式 SAMIL 对南亚季风区大气季节内振荡向北传播的模拟. 大气科学, 32(5): 1037-1050.

琚建华, 吕俊梅, 谢国清, 等. 2011. MJO和AO持续异常对云南干旱的影响研究. 干旱气象, 29(4): 401-406.

李崇银. 1991. 30～60天大气振荡的全球特征. 大气科学, 15(3): 66-76.

李崇银, 廖青海. 1998. 热带大气季节内振荡激发 El Niño 的机制. 热带气象学报, 14(1): 97-105.

李崇银, 周亚萍. 1994. 热带大气季节内振荡与 ENSO 的相互关系. 地球物理学报, 37(1): 17-26.

梁肇宁, 温之平, 吴丽姬. 2006. 印度洋海温异常和南海夏季风建立迟早的关系 I. 耦合分析. 大气科学, 30(4): 619-634.

林爱兰, 李春晖, 谷德军, 等. 2013. 热带季节内振荡对广东6月降水的影响. 热带气象学报, 29(3): 353-363.

刘天仇. 1999. 雅鲁藏布江水文特征. 地理学报, 54(s1): 157-164.

吕俊梅, 琚建华, 任菊章, 等. 2012. 热带大气 MJO 活动异常对 2009—2010 年云南极端干旱的影响. 中国科学: 地球科学, 55(1): 98-112.

阙志萍, 李崇银. 2011. 亚洲两个季风区大气季节内振荡的比较分析. 大气科学, 35(5): 791-800.

任倩, 周长艳, 何金海, 等. 2017. 前期印度洋海温异常对夏季高原"湿池"水汽含量的影响及其可能原因. 大气科学, 41(3): 648-658.

王晓春, 吴国雄. 1997. 中国夏季降水异常空间模与副热带高压的关系. 大气科学, 21(2): 161-169.

吴国雄, 刘屹岷, 包庆, 等. 2018. 青藏高原感热气泵影响亚洲夏季风的机制. 大气科学, 42(3): 488-504.

谢义炳, 陈受钧, 郭肖容. 1965. 1—12月低纬度东南亚和西太平洋上空环流特征. 气象学报, 35(3): 338-342.

杨逸畴, 高登义, 李渤生. 1987. 雅鲁藏布江下游河谷水汽通道初探. 中国科学(B辑), (8): 893-902.

袁媛, 李崇银. 2009. 热带印度洋海温异常不同模态对南海夏季风爆发的可能影响. 大气科学, 33(2): 325-336.

张文霞, 张丽霞, 周天军. 2016. 雅鲁藏布江流域夏季降水的年际变化及其原因. 大气科学, 40(5): 965-980.

章丽娜, 林鹏飞, 熊喆, 等. 2011. 热带大气季节内振荡对华南前汛期降水的影响. 大气科学, 35(3): 560-570.

赵福虎, 李国平, 黄楚惠, 等. 2014. 热带大气低频振荡对高原低涡的调制作用. 热带气象学报, 30(1): 119-128.

周伟灿, 沈海波, 赵海坤. 2015. 热带季节内振荡对西北太平洋台风生成的大尺度环境的影响. 大气科学学报, 38(6): 731-741.

祝丽娟, 王亚非, 尹志聪. 2013. 热带季节内振荡与南海热带气旋活动的关系. 热带气象学报, 29(5): 737-748.

Alexander M, Blade I, Newman M, et al. 2002. The atmospheric bridge: the influence of ENSO teleconnections on air-sea interaction over the global oceans. Journal of Climate, 15(16): 2205-2231.

Bell C J, Gray L J, Charlton-Perez A J, et al. 2009. Stratospheric communication of El Niño teleconnections to European winter. Journal of Climate, 22(15): 4083-4096.

Bjerknes J. 1969. Atmospheric teleconnections from the equatorial Pacific. Monthly Weather Review, 97(3): 163-172.

Bolch T, Kulkarni A, Kb A, et al. 2012. The state and fate of Himalayan glaciers. Science, 336(6079): 310-314.

Brönnimann S, Xoplaki E, Casty C, et al. 2007. ENSO influence on Europe during the last centuries. Climate Dynamics, 28(2-3): 181-197.

Cassou C, Terray L. 2001. Oceanic forcing of the wintertime low-frequency atmospheric variability in the North Atlantic European sector: a study with the ARPEGE model. Journal of Climate, 14(22): 4266-4291.

Castanheira J M, Graf H F. 2003. North Pacific-North Atlantic relationships under stratospheric control? Journal of Geophysical Research: Atmospheres, 108(D1): 1-10.

Chen X, You Q. 2017. Effect of Indian Ocean SST on Tibetan Plateau precipitation in the early rainy season. Journal of Climate, 30(22): 8973-8985.

Clarke A J, Liu X. 1994. Interannual sea level in the northern and eastern Indian Ocean. Journal of Physical Oceanography, 24(6): 1224-1235.

Cui Y, Duan A, Liu Y, et al. 2015. Interannual variability of the spring atmospheric heat source over the Tibetan Plateau forced by the North Atlantic SSTA. Climate Dynamics, 45(5-6): 1617-1634.

Curtis S, Hastenrath S. 1995. Forcing of anomalous sea surface temperature evolution in the tropical Atlantic during Pacific warm events. Journal of Geophysical Research: Oceans, 100(C8): 15835-15847.

Ding Q, Wang B. 2005. Circumglobal teleconnection in the Northern Hemisphere summer. Journal of Climate, 18(17): 3483-3505.

Dong W, Lin Y, Jonathon S, et al. 2017. Indian monsoon low-pressure systems feed up-and-over moisture transport to the Southwestern Tibetan Plateau. Journal of Geophysical Research: Atmospheres, 122(22): 12140-12151.

Dong W, Lin Y, Wright J, et al. 2016. Summer rainfall over the southwestern Tibetan Plateau controlled by deep convection over the Indian subcontinent. Nature Communications, 7: 10925.

Drouard M, Rivière G, Arbogast P. 2015. The link between the North Pacific climate variability and the North Atlantic Oscillation via downstream propagation of synoptic waves. Journal of Climate, 28(10): 3957-3976.

Du Y, Xie S P, Huang G, et al. 2009. Role of air-sea interaction in the long persistence of El Niño-induced north Indian Ocean warming. Journal of Climate, 22(8): 2023-2038.

Duan A, Li F, Wang M, et al. 2011. Persistent weakening trend in the spring sensible heat source over the Tibetan Plateau and its impact on the Asian summer monsoon. Journal of Climate, 24(21): 5671-5682.

England M H, Huang F. 2005. On the interannual variability of the Indonesian Throughflow and its linkage with ENSO. Journal of Climate, 18(9): 1435-1444.

Feng L, Zhou T. 2012. Water vapor transport for summer precipitation over the Tibetan Plateau: multidata set analysis. Journal of Geophysical Research: Atmospheres, 117(D20): 1-16.

Garfinkel C I, Hartmann D. 2010. Influence of the quasi-biennial oscillation on the North Pacific and El Niño teleconnections. Journal of Geophysical Research: Atmospheres, 115(D20): 1-12.

Gouirand I, Moron V. 2003. Variability of the impact of El Niño-Southern Oscillation on sea-level pressure anomalies over the North Atlantic in January to March (1874—1996). International Journal of

Climatology, 23（13）: 1549-1566.

Graf H F, Zanchettin D. 2012. Central Pacific El Niño, the "subtropical bridge," and Eurasian climate. Journal of Geophysical Research: Atmospheres, 117（D1）: 1-10.

He C, Zhou T, Wu B. 2015. The key oceanic regions responsible for the interannual variability of the western North Pacific subtropical high and associated mechanisms. Journal of Meteorological Research, 29（4）: 562-575.

Hoskins B J, Karoly D J. 1981. The steady linear response of a spherical atmosphere to thermal and orographic forcing. Journal of the Atmospheric Sciences, 38（6）: 1179-1196.

Huang B, Kinter J L. 2002. Interannual variability in the tropical Indian Ocean. Journal of Geophysical Research: Oceans, 107（C11）: 3199.

Huang G, Qu X, Hu K. 2011. The impact of the tropical Indian Ocean on South Asian high in boreal summer. Advances in Atmospheric Sciences, 28（2）: 421-432.

Ineson S, Scaife A. 2009. The role of the stratosphere in the European climate response to El Niño. Nature Geoscience, 2（1）: 32-36.

Jiang X, Li Y, Yang S, et al. 2016. Interannual variation of summer atmospheric heat source over the Tibetan Plateau and the role of convection around the western Maritime Continent. Journal of Climate, 29（1）: 121-138.

Jiang X, Ting M. 2017. A dipole pattern of summertime rainfall across the Indian subcontinent and the Tibetan Plateau. Journal of Climate, 30（23）: 9607-9620.

Jin F F. 1997. An equatorial ocean recharge paradigm for ENSO. Part I: conceptual model. Journal of the Atmospheric Sciences, 54（7）: 811-829.

Karmakar N, Misra V. 2019. The relation of intraseasonal variations with local onset and demise of the Indian summer monsoon. Journal of Geophysical Research: Atmospheres, 124: 2483-2506.

Kataoka T, Tozuka T, Behera S, et al. 2014. On the Ningaloo Niño/Niña. Climate Dynamics, 43（5-6）: 1463-1482.

Klein S A, Soden B J, Lau N C. 1999. Remote sea surface temperature variations during ENSO: evidence for a tropical atmospheric bridge. Journal of Climate, 12（4）: 917-932.

Kosaka Y, Xie S P, Lau N C, et al. 2013. Origin of seasonal predictability for summer climate over the Northwestern Pacific. Proceedings of the National Academy of Sciences, 110（19）: 7574-7579.

Krishnamurti T N, Subrahmanyam D. 1982. The 30—50 day mode at 850 mb during MONEX. Journal of the Atmospheric Sciences, 39: 2088-2095.

Kumar A, Hoerling M P. 1998. Annual cycle of Pacific-North American seasonal predictability associated with different phases of ENSO. Journal of Climate, 11（12）: 3295-3308.

Lau N C, Nath M J. 2000. Impact of ENSO on the variability of the Asian-Australian monsoons as simulated in GCM experiments. Journal of Climate, 13（24）: 4287-4309.

Lau N C, Nath M J. 2003. Atmosphere-ocean variations in the Indo-Pacific sector during ENSO episodes. Journal of Climate, 16（1）: 3-20.

Li S, Lu J, Huang G, et al. 2008. Tropical Indian Ocean basin warming and East Asian summer monsoon: a multiple AGCM study. Journal of Climate, 21(22): 6080-6088.

Li Y, Lau N C. 2012a. Contributions of downstream eddy development to the teleconnection between ENSO and the atmospheric circulation over the North Atlantic. Journal of Climate, 25(14): 4993-5010.

Li Y, Lau N C. 2012b. Impact of ENSO on the atmospheric variability over the North Atlantic in late winter—role of transient eddies. Journal of Climate, 25(1): 320-342.

Liu H, Duan K, Li M, et al. 2015. Impact of the North Atlantic Oscillation on the Dipole Oscillation of summer precipitation over the central and eastern Tibetan Plateau. International Journal of Climatology, 35(15): 4539-4546.

Liu X, Yin Z Y. 2001. Spatial and temporal variation of summer precipitation over the eastern Tibetan Plateau and the North Atlantic Oscillation. Journal of Climate, 14(13): 2896-2909.

Liu X, Zhang M. 1998. Contemporary climatic change over the Qinghai-Xizang Plateau and its response to the green-house effect. Chinese Geographical Science, 8(4): 289-298.

Liu Z, Alexander M. 2007. Atmospheric bridge, oceanic tunnel, and global climatic teleconnections. Reviews of Geophysics, 45(2): 1-34.

Lorenc A C. 1984. The evolution of planetary scale 200mb divergent flow during the FGGE year. Quarterly Journal of the Royal Meteorological Society, 110: 427-429.

Ma Y, Lu M, Chen H, et al. 2018. Atmospheric moisture transport versus precipitation across the Tibetan Plateau: a mini-review and current challenges. Atmospheric Research, 209: 50-58.

Ma Y, Tang G, Long D, et al. 2016. Similarity and error intercomparison of the GPM and its predecessor-TRMM multisatellite precipitation analysis using the best available hourly gauge network over the Tibetan Plateau. Remote Sensing, 8(7): 569.

Madden R A, Julian P R. 1971. Detection of a 40—50 day oscillation in the zonal wind in the tropical Pacific. Journal of the Atmospheric Science, 28(5): 702-708.

Madden R A, Julian P R. 1972. Description of global scale circulation cells in the tropics with 40—50 day period. Journal of the Atmospheric Science, 29(6): 1109-1123.

Marshall A G, Hendon H H, Feng M, et al. 2015. Initiation and amplification of the Ningaloo Niño. Climate Dynamics, 45(9-10): 2367-2385.

Mathieu P, Sutton R, Dong B, et al. 2004. Predictability of winter climate over the North Atlantic European region during ENSO events. Journal of Climate, 17(10): 1953-1974.

Meyers G. 1996. Variation of Indonesian throughflow and the El Niño-Southern Oscillation. Journal of Geophysical Research: Oceans, 101(C5): 12255-12263.

Neelin J D, Battisti D S, Hirst A C, et al. 1998. ENSO theory. Journal of Geophysical Research: Oceans, 103(C7): 14261-14290.

Nigam S, Shen H S. 1993. Structure of oceanic and atmospheric low-frequency variability over the tropical Pacific and Indian Oceans. Part I: COADS observations. Journal of Climate, 6(4): 657-676.

Nitta T, Hu Z Z. 1996. Summer climate variability in China and its association with 500 hPa height and tropical convection. Journal of the Meteorological Society of Japan Series II, 74(4): 425-445.

Pozo-Vázquez D, Gámiz-Fortis S, Tovar-Pescador J, et al. 2005. El Niño-Southern Oscillation events and associated European winter precipitation anomalies. International Journal of Climatology, 25(1): 17-31.

Qiu J. 2013. Monsoon melee. Science, 340(6139): 1400-1401.

Qu T, Fukumori I, Fine R A. 2019. Spin-up of the Southern Hemisphere super gyre. Journal of Geophysical Research: Oceans, 124(1): 154-170.

Rasmusson E M, Mo K. 1993. Linkages between 200-mb tropical and extratropical circulation anomalies during the 1986—1989 ENSO cycle. Journal of Climate, 6(4): 595-616.

Rintoul S R, Sokolov S. 2001. Baroclinic transport variability of the Antarctic Circumpolar Current south of Australia (WOCE repeat section SR3). Journal of Geophysical Research: Oceans, 106(C2): 2815-2832.

Robertson A W, Mechoso C R, Kim Y J. 2000. The influence of Atlantic sea surface temperature anomalies on the North Atlantic Oscillation. Journal of Climate, 13(1): 122-138.

Schopf P S, Suarez M J. 1988. Vacillations in a coupled ocean-atmosphere model. Journal of the Atmospheric Sciences, 45(3): 549-566.

Schott F A, Xie S P, McCreary Jr J P. 2009. Indian Ocean circulation and climate variability. Reviews of Geophysics, 47(1): 1-46.

Simmonds I, Bi D, Hope P. 1999. Atmospheric water vapor flux and its association with rainfall over China in summer. Journal of Climate, 12(5): 1353-1367.

Stuecker M F, Jin F F, Timmermann A, et al. 2015. Combination mode dynamics of the anomalous northwest Pacific anticyclone. Journal of Climate, 28(3): 1093-1111.

Stuecker M F, Jin F F, Timmermann A, et al. 2016. Reply to "Comments on 'Combination mode dynamics of the anomalous Northwest Pacific anticyclone'". Journal of Climate, 29(12): 4695-4706.

Stuecker M F, Timmermann A, Jin F F, et al. 2013. A combination mode of the annual cycle and the El Niño/Southern Oscillation. Nature Geoscience, 6(7): 540-544.

Suhas E, Goswami B N. 2008. Regime shift in Indian summer monsoon climatological intraseasonal oscillations. Geophysical Research Letters, 35: L20703.

Sun B, Zhu Y, Wang H. 2011. The recent interdecadal and interannual variation of water vapor transport over eastern China. Advances in Atmospheric Sciences, 28(5): 1039-1048.

Tang M, Reiter E R. 1984. Plateau monsoons of the Northern Hemisphere: a comparison between North America and Tibet. Monthly Weather Review, 112(4): 617-637.

Terao T, Kubota T. 2005. East-west SST contrast over the tropical oceans and the post El Niño western North Pacific summer monsoon. Geophysical Research Letters, 32(15): 1-5.

Tian L, Yao T, Macclune K, et al. 2007. Stable isotopic variations in west China: a consideration of moisture sources. Journal of Geophysical Research: Atmospheres, 112(D10): 1-12.

Tokinaga H, Tanimoto Y. 2004. Seasonal transition of SST anomalies in the tropical Indian Ocean during El Niño and Indian Ocean dipole years. Journal of the Meteorological Society of Japan Series II, 82(4): 1007-1018.

Tong K, Su F, Yang D, et al. 2014. Tibetan Plateau precipitation as depicted by gauge observations, reanalyses and satellite retrievals. International Journal of Climatology, 34(2): 265-285.

Tozuka T, Kataoka T, Yamagata T. 2014. Locally and remotely forced atmospheric circulation anomalies of Ningaloo Niño/Niña. Climate Dynamics, 43(7-8): 2197-2205.

van Sebille E, Sprintall J, Schwarzkopf F U, et al. 2014. Pacific-to-Indian Ocean connectivity: Tasman leakage, Indonesian Throughflow, and the role of ENSO. Journal of Geophysical Research: Oceans, 119(2): 1365-1382.

Wallace J M, Gutzler D S. 1981. Teleconnections in the geopotential height field during the Northern Hemisphere winter. Monthly Weather Review, 109(4): 784-812.

Wallace J M, Rasmusson E M, Mitcheell T P, et al. 1998. On the structure and evolution of ENSO-related climate variability in the tropical Pacific: lessons from TOGA. Journal of Geophysical Research: Oceans, 103(C7): 14241-14259.

Wang B, Wu R, Fu X. 2000. Pacific-East Asian teleconnection: how does ENSO affect East Asian climate? Journal of Climate, 13(9): 1517-1536.

Wang C. 2002a. Atlantic climate variability and its associated atmospheric circulation cells. Journal of Climate, 15(13): 1516-1536.

Wang C. 2002b. Atmospheric circulation cells associated with the El Niño-Southern Oscillation. Journal of Climate, 15(4): 399-419.

Wang C. 2019. Three-ocean interactions and climate variability: a review and perspective. Climate Dynamics, 53: 5119-5136.

Wang H, Chen H. 2012. Climate control for southeastern China moisture and precipitation: Indian or East Asian monsoon? Journal of Geophysical Research: Atmospheres, 117(D12): 1-9.

Wang Z, Duan A, Yang S, et al. 2017. Atmospheric moisture budget and its regulation on the variability of summer precipitation over the Tibetan Plateau. Journal of Geophysical Research: Atmospheres, 122(2): 614-630.

Watanabe M, Kimoto M. 1999. Tropical-extratropical connection in the Atlantic atmosphere-ocean variability. Geophysical Research Letters, 26(15): 2247-2250.

Wijffels S, Meyers G. 2004. An intersection of oceanic waveguides: variability in the Indonesian throughflow region. Journal of Physical Oceanography, 34(5): 1232-1253.

Wolter K. 1987. The Southern Oscillation in surface circulation and climate over the tropical Atlantic, Eastern Pacific, and Indian Oceans as captured by cluster analysis. Journal of Climate and Applied Meteorology, 26(4): 540-558.

Wu A, Hsieh W W. 2004. The nonlinear association between ENSO and the Euro-Atlantic winter sea level pressure. Climate Dynamics, 23(7-8): 859-868.

Wu B, Zhou T, Li T. 2009. Seasonally evolving dominant interannual variability modes of East Asian climate. Journal of Climate, 22(11): 2992-3005.

Wu G, Duan A, Liu Y, et al. 2014. Tibetan Plateau climate dynamics: recent research progress and outlook.

National Science Review, 2(1): 100-116.

Wu G, He B, Duan A, et al. 2017. Formation and variation of the atmospheric heat source over the Tibetan Plateau and its climate effects. Advances in Atmospheric Sciences, 34(10): 1169-1184.

Wu G, Liu P, Liu Y, et al. 2000. Impacts of the sea surface temperature anomaly in the Indian Ocean on the subtropical anticyclone over the western Pacific-two stage thermal adaptation in the atmosphere. Acta Meteorological Sinica, 58(5): 513-522.

Wu Z, Zhang P. 2015. Interdecadal variability of the mega-ENSO-NAO synchronization in winter. Climate Dynamics, 45(3-4): 1117-1128.

Wyrtki K. 1975. El Niño—the dynamic response of the equatorial Pacific Ocean to atmospheric forcing. Journal of Physical Oceanography, 5(4): 572-584.

Xie S P, Annamalai H, Schott F, et al. 2002. Origin and predictability of South Indian Ocean climate variability. Journal of Climate, 15(8): 864-874.

Xie S P, Kaiming H, Jan T, et al. 2009. Indian Ocean capacitor effect on Indo-western Pacific climate during the summer following El Niño. Journal of Climate, 22(3): 730-747.

Xie S P, Kosaka Y, Du Y, et al. 2016. Indo-western Pacific ocean capacitor and coherent climate anomalies in post-ENSO summer: a review. Advances in Atmospheric Sciences, 33(4): 411-432.

Xu X, Lu C, Shi X, et al. 2008. World water tower: an atmospheric perspective. Geophysical Research Letters, 35: L20815.

Yang J, Liu Q, Liu Z, et al. 2009. Basin mode of Indian Ocean sea surface temperature and Northern Hemisphere circumglobal teleconnection. Geophysical Research Letters, 36(19): 1-5.

Yang J, Liu Q, Xie S P, et al. 2007. Impact of the Indian Ocean SST basin mode on the Asian summer monsoon. Geophysical Research Letters, 34(2): 1-5.

Yang J I, Liu Q Y. 2008. The "charge/discharge" roles of the basin-wide mode of the Indian Ocean SST anomaly-influence on the South Asian high in summer. Acta Oceanologica Sinica, 30(2): 12-19.

Yang S, Lau K M, Yoo S H, et al. 2004. Upstream subtropical signals preceding the Asian summer monsoon circulation. Journal of Climate, 17(21): 4213-4229.

Yao T, Thompson L, Yang W, et al. 2012. Different glacier status with atmospheric circulations in Tibetan Plateau and surroundings. Nature Climate Change, 2(9): 663-667.

Yasunari T. 1980. A quasi-stationary appearance of 30 to 40 day period in the cloudiness fluctuations during the summer monsoon over India. Journal of the Meteorological Society of Japan, 58: 225-229.

Zhang W, Li H Y, Jin F F, et al. 2015a. The annual-cycle modulation of meridional asymmetry in ENSO's atmospheric response and its dependence on ENSO zonal structure. Journal of Climate, 28(14): 5795-5812.

Zhang W, Li H, Stuecker M F, et al. 2016. A new understanding of El Niño's impact over East Asia: dominance of the ENSO combination mode. Journal of Climate, 29(12): 4347-4359.

Zhang W, Wang L, Xiang B, et al. 2015b. Impacts of two types of La Niña on the NAO during boreal winter. Climate Dynamics, 44(5-6): 1351-1366.

Zhang W, Wang Z, Stuecker M F, et al. 2019. Impact of ENSO longitudinal position on teleconnections to the NAO. Climate Dynamics, 52(1-2): 257-274.

Zhao P, Chen L. 2001. Role of atmospheric heat source/sink over the Qinghai-Xizang Plateau in quasi-4-year oscillation of atmosphere-land-ocean interaction. Chinese Science Bulletin, 46(3): 241-245.

Zhao P, Yang S, Jian M, et al. 2011. Relative controls of Asian-Pacific summer climate by Asian land and tropical-North Pacific sea surface temperature. Journal of Climate, 24(15): 4165-4188.

Zhao P, Yang S, Wu R, et al. 2012. Asian origin of interannual variations of summer climate over the extratropical North Atlantic Ocean. Journal of Climate, 25(19): 6594-6609.

Zhao P, Zhang X, Li Y, et al. 2009. Remotely modulated tropical-North Pacific ocean-atmosphere interactions by the South Asian high. Atmospheric Research, 94(1): 45-60.

Zhao Y, Duan A, Wu G. 2018. Interannual variability of late-spring circulation and diabatic heating over the Tibetan Plateau associated with Indian Ocean forcing. Advances in Atmospheric Sciences, 35(8): 927-941.

Zhou L, Han Z, Ma S, et al. 2015. The observed impacts of South Asian summer monsoon on the local atmosphere and the near-surface turbulent heat exchange over the Southeast Tibet. Journal of Geophysical Research: Atmospheres, 120(22): 11509-11518.

Zhou L, Zhu J, Zou H, et al. 2013. Atmospheric moisture distribution and transport over the Tibetan Plateau and the impacts of the South Asian summer monsoon. Acta Meteorologica Sinica, 27(6): 819-831.

Zhu Z, Li T, He J. 2014. Out-of-phase relationship between boreal spring and summer decadal rainfall changes in southern China. Journal of Climate, 27(3): 1083-1099.

第11章

建立气象灾害预警系统的建议

针对雅鲁藏布大峡谷地区极端降水引起灾害性天气的高发性，结合 2018 年青藏高原综合科学考察的研究成果，本书提出了在该地区构建气象灾害预警系统的建议，为这一地区的水电开发、灾害防御及生态保护等提供科学依据。

目前，西藏自治区政府已在雅鲁藏布大峡谷区域筹划建设国家公园，以加大对该地区全景观的保护力度。东南湿热水汽的向北输送对植被垂直带和生物多样性有重要影响。2018 年雅鲁藏布大峡谷水汽通道的科学考察将为这一地区制定防灾减灾、保护生态措施提供科学依据。这次考察结果表明，该地区的地表水资源在减少，主要原因是从青藏高原南部输送到该地区的水汽减弱，大尺度环流造成的区域性降水减少，说明这个地区对于全球变化的响应比较敏感，是"亚洲水塔"需要着重保护的区域。

雅鲁藏布江自有仪器观测记录以来，曾在 1962 年、1988 年和 1998 年 6～9 月发生过大洪水，出现了范围大、历时长的强降水过程（刘天仇，1999）。杨志刚等（2014）的研究结果表明，极端降水阈值和强度的高值区均位于西藏南部边缘地区的聂拉木、沿江中段的日喀则以及东南部的波密和察隅一带，其中沿雅鲁藏布江一线、西藏南部和东北部极端降水事件出现频数呈现增多趋势。从区域对流云降水气候特征分析的视角，通过对 1979～2014 年年平均和夏季中国区域地面观测站低云量资料分析发现，雅鲁藏布江、三江源与青藏高原东南缘区域是中国陆地区域低云量的极值区[图 11.1（a）、图 11.1（b）]，表明雅鲁藏布江河谷区是青藏高原低云集中地，亦是青藏高原对流云最为活跃的区域。另外，建军等（2012）通过近 30 年的气象资料获取了西藏汛期强降水频数空间分布，从中可以发现西藏强降水频数极值区亦位于雅鲁藏布江河谷及雅鲁藏布大峡谷区域。结果进一步印证了该区域是水汽输送及其异常降水的关键区。杨志刚等（2014）分析了 1961～2010 年西藏极端降水事件时空分布特征，表明 20 世纪 80 年代以来西藏沿江一线区域极端降水事件频数呈上升趋势（图 11.2）。从 1980～2017 年夏季日降水量大于等于 10 mm 频数分布图（图 11.3）可以看出，雅鲁藏布江东段是大于 10 mm 降水频数较大的中心。Ji 和 Kang（2013）利用区域气候模式对青藏高原未来降水变化的预估表明，RCP4.5 情景下青藏高原年平均降水的变化基本以增加为主，其中东南部的降水增加较明显。冯蕾和周天军（2017）使用日本气象研究所（Meteorological Research Institute，MRI）大气环流模式在 20 km 分辨率下的国际大气环流模式比较计划（Atmospheric Model Intercomparison Project，AMIP）试验结果以及 A1B 情景下的预估试验数据，对青藏高原夏季（6～8 月）降水的变化预估分析表明，A1B 情景下，青藏高原大部分地区夏季平均降水量表现出显著的增加趋势，降水增加的中心位于青藏高原东南部，而极端降水增加最显著的地区亦为青藏高原东南部地区。预估结果进一步揭示，在气候变暖背景下，未来雅鲁藏布大峡谷地区极端降水可能呈增加趋势。

雅鲁藏布大峡谷内发生的强降水常常会引发山体泥石流、滑坡和雪崩，给当地的生产生活造成巨大困扰（图 11.4），如何准确预报雅鲁藏布大峡谷地区的强降水或者极端降水成为该地区减灾的重大需求。希望本次科考对该地区的水汽输送和降水动态变

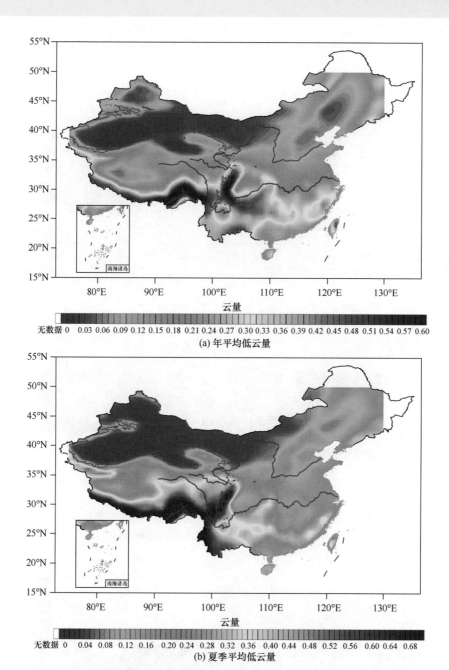

图 11.1　1979 ~ 2014 年中国部分区域年平均低云量（a）和夏季平均低云量（b）分布

（徐祥德等，2019）

化的观测研究，能为该地区建立一套气象灾害预警系统。目前水汽通道内非常缺乏气象观测资料，使得当前高分辨率的数值预报系统无法进行准确预报，今后应沿雅鲁藏布大峡谷建立不同海拔的气象观测站，以更详细地研究水汽沿水汽通道进入并转化成云形成强降水的动态过程，之后借助数值同化手段预报该地区的短期降水，为当地政府提供气象条件引发的灾害预警，保障当地居民生命财产安全。

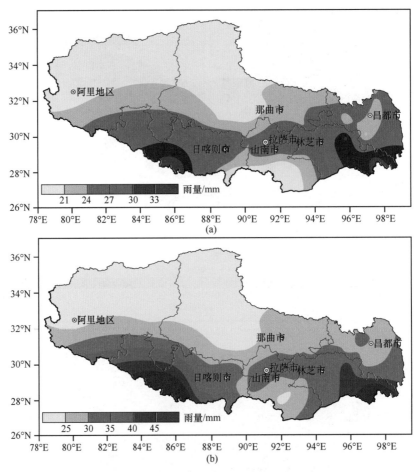

图 11.2　1961 ～ 2010 年西藏极端降水事件阈值（a）和极端降水强度（b）空间分布（杨志刚等，2014）
数值大于极端降水事件阈值的降水事件被划分为极端降水

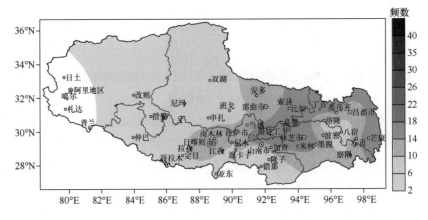

图 11.3　1980 ～ 2017 年西藏夏季日降水量大于等于 10 mm 频数分布
资料来源：图片由西藏自治区气象台提供

图 11.4　山体泥石流、滑坡及雪崩等

11.1　重大天气、气候灾害的致灾机理关键科学问题

从青藏高原作为全球和东亚能量水分循环的关键区的视角，剖析雅鲁藏布江各类重大天气、气候灾害的致灾机理关键科学问题，分析雅鲁藏布江河谷多尺度地形综合影响下大气 – 冰川 – 水文 – 生态过程对灾害高发区与气候变化敏感区的综合影响机制，这既有前沿科学价值，又有解决重大工程的应用意义。

青藏高原主体位于对流层中部，是中纬度大气环流的重要控制因子，也是西风与季风两大环流系统交汇与强烈相互作用区，气候变暖导致的西风 – 季风异常和雅鲁藏布大峡谷内对流云变异引发的强降水及地质灾害是当前研究的难题，而河湾区域（雅鲁藏布大峡谷）河谷地形复杂，两侧山峰积雪、冰川环绕呈现出复杂的多圈层过程相互影响效应，尤其该区域受山谷风影响，河谷区水汽输送结构特征不清，导致该区域云降水过程（强降水对流活动）规律难以掌握。由于河谷区观测站点过于稀疏化，河谷地区强降水、固态降水时空分布不清楚，因此，推进雅鲁藏布江河谷区强对流极端天气监测预警系统建设等成为目前急需解决的问题。雅鲁藏布江河谷东起墨脱、西至喜马拉雅山西端，流域天气变化复杂，是青藏高原对流活动频发区，也是极端天气、气候事件多发区，属于各类灾害（暴雨、暴雪、山洪、泥石流）高发区与气候变化敏感区。因此，在雅鲁藏布江河谷复杂地形背景下，大气 – 冰川 – 水文 – 生态耦合过程云降水机制是该区域极端天气成因研究的重大难题。

今后应在以下四个方面进行突破：

（1）揭示气候变化背景下雅鲁藏布江河谷极端天气事件时空变化特征及成因；重点研究山谷地形背景下大尺度西风带波动变化与对流降水过程相关机制；西风–季风协同作用对青藏高原谷区地–气过程及其对流云活动的影响；揭示雅鲁藏布大峡谷内的地气相互作用及其日变化特征；剖析山谷地形底部边界层湍流结构及其日变化，并揭示山谷内对流云结构及其物理过程特征。

（2）研究雅鲁藏布江河谷复杂地形背景下大气–冰川–水文–生态耦合机制；雅鲁藏布江河谷云降水结构与中低纬度环流系统相互作用的耦合效应；剖析雅鲁藏布江区域河谷内大气–冰川（积雪）–水文–生态过程的变化规律及其影响因素，以揭示青藏高原山谷地形河湾区（山脊冰川、积雪）云降水形成及其变化机制。

（3）研究雅鲁藏布江河谷地形热力驱动下山谷风、河谷边界层结构与多尺度季风环流的相互作用机制；揭示雅鲁藏布江河谷地形影响下地形云降水过程，多尺度环流系统相互作用与云降水结构系统耦合效应；获取雅鲁藏布大峡谷山谷内对流云发展及其降水特征，分析珠穆朗玛峰、雅鲁藏布大峡谷山谷水汽输送通道关键区河谷两侧山峰积雪、冰川云降水过程（对流活动）与山谷风、水汽输送通道结构特征。

（4）揭示西风–季风青藏高原山谷地形与水汽输送变化的相关特征；围绕西风–季风变化对"亚洲水塔"不同尺度的水汽输送结构与多尺度大气水分循环的影响与机理，重点考虑源自低纬、南半球的大尺度水汽输送，以及青藏高原南坡、青藏高原山谷地形对不同尺度水汽输送结构与变化的影响效应；揭示雅鲁藏布江区域水汽输送通道及其跨半球海洋水汽源，分析南亚季风的强弱，即水汽通道的外来强迫对通道内的水汽传输及其对流活动的影响，为该区域河谷区强对流极端天气多尺度水分循环结构研究提供科学依据。

根据雅鲁藏布江河谷区观测信息少、站点稀缺、地形复杂、天气多变、灾害频发的强降水高发区的防灾减灾需求，高分辨率及局地定时、定点、定量的数值预报模式将成为该区域业务服务的极端灾害预警核心工具。为此，需建立极端灾害天气预警天–地–空一体化综合监测网，数值预报模式中物理过程不断完善，特别是大气圈与冰冻圈、水圈与生物圈的相互作用效应成为雅鲁藏布江河谷区区域高分辨率模式应用的关键环节。目前，天基、空基与地基遥感资料同化技术的突破，使得长期制约极端天气预警能力提高的问题得到解决。

基于卫星遥感–地面、探空一体化观测科学合理布局，积极推进 GPS 水汽、自动气象站（AWS）与 GPS 探空、业务加密探空观测的科考计划的实施，通过数值模式同化分析，获取河湾区域多尺度水汽输送结构特征，通过珠穆朗玛峰、雅鲁藏布大峡谷入口处（墨脱）雷达超级站，分析雅鲁藏布大峡谷山谷两侧山峰积雪、冰川与水汽输送通道、山谷风及其对流活动的相关机理，以揭示西风–季风变化背景下青藏高原山谷地形河湾区云降水形成及其变异机制。

从灾害天气预警、预测技术水平明显提升的视角来看，区域中尺度天气预报模式3天的预报水平已提高，并以中尺度天气模式为基础向精细化预报领域拓展，其可提供雅鲁藏布江河谷区强对流极端天气，如暴雨、雷电预警预报服务。构建雅鲁藏布河谷区域天–地–空一体化综合监测网及其数值天气预报模式体系具有实施的可行性。

印度洋暖湿气流沿青藏高原东南缘水汽通道不断向东北输送大量水汽的结果不仅给青藏高原东南部及其南侧地区带来大量降水，而且还会在青藏高原东侧产生大面积暴雨（高登义等，1985），引发川藏公路上的通麦天险泥石流，使公路断道。若青藏高原上空为强盛副热带高压，则青藏高原东南部及其南侧地区都在偏北气流控制下，不利于暖湿气流向青藏高原运移，给青藏高原东南部和其南侧地区带来少雨或无雨晴好天气（杨逸畴等，1987）。

近年来，该流域冰川退缩等变化势必影响到雅鲁藏布江区域的生态景观格局。但由于观测基础薄弱，目前对气候变化背景下雅鲁藏布江的水汽输送机制仍然缺少认识。墨脱地区西起雅鲁藏布江下游，东抵横断山区中北部。该地区是以高山峡谷为主体的自然地理区域，而高山峡谷的地形主要受区域地质构造的影响。独特的地形造就了雅鲁藏布大峡谷成为青藏高原的重要水汽通道，是东亚地区水汽分布与输送的关键区。来自印度洋的暖流与北方寒流交汇，形成了墨脱乃至藏东南地区的热带、亚热带、温带及寒带气候并存的多种气候带。暖流常年鱼贯而入，形成了该地区特殊的热带湿润和半湿润气候。该区域实验条件艰苦、观测难度大，缺乏全面系统的大气圈层要素的监测数据；观测数据时间短、频次少、空间普及率低，具有时间和空间的双重局限性，不足以揭示水汽输送过程的演变规律与机理；数据缺乏也使得物理模型等相关方法难以得到应用和进行准确验证，这在一定程度上阻碍了模型的集成和发展，急需利用多种观测资料，揭示该地区空中水资源的演变规律和驱动机制。

11.2　建立气象灾害预警体系的构架计划

解决的关键技术如下：

（1）极端气象灾害事件大数据库及其应用平台的建立。构建雅鲁藏布江气象灾害综合数据库、气象灾害服务所用的原始资料及其服务产品数据不同于气象基本业务的气象数据，它除了应用必要的常规气象资料数据外，还有多种水文、地质环境资料数据，包括非常规气象观测数据（如河谷区多圈层特征大气–水文–生态过程综合相关数据等），如何建立气象灾害数据库，采用什么样的数据建立数据库，各类水文、地质与生态环境数据及其他学科数据如何预处理等需要科学合理的设计。许多非气象资料数据收集有难度。气象、水文部门的卫星遥感、雷达、自动气象站、短临降水资料可更精确地反映降水强度及其时空分布特征等信息，折射观测设备和观测资料对异常强降水及其引发的泥石流、滑坡等业务监测预警系统具有重要作用，但雅鲁藏布江河谷区短临强降水监测指标、气象地质灾害致灾强度指标目前仍需研究，如何构建雅鲁藏布江气象灾害综合数据库及其多源信息大数据科学合理的应用构架是急需解决的关键科学技术问题之一。

（2）气象、水文与地质灾害信息立体感知技术监测系统。适用于雅鲁藏布江复杂地理环境和千变万化的气象、水文与生态过程多圈层立体感知的监视－监测技术与方法包括：综合卫星遥感－河谷陆面、水域云降水过程立体监测技术；河谷区山洪暴雨与泥石流地质灾害频发区气象、水文与生态多源信息的监视－监测技术；山洪暴雨与泥石流的监测传感技术；雅鲁藏布江河谷区大气、水环境、生态等信息的定量遥感与反演技术；气象灾害、水文多源信息的空间变异规律和融合技术。

雅鲁藏布江河谷区高精度的降水监测系统。河谷区以中小尺度地形为主，构建天－地－空一体化的综合气象监视－监测系统，需要建成水平分辨率达 1 km 或更高分辨率的数值预报模式系统，这种高分辨率的数值预报模式系统需要有精细化的云降水综合监测系统，该系统也是气象、水文、地质灾害监测系统需要解决的关键技术之一。

(3) 气象、水文与地质灾害的高精度模拟预报技术。研发耦合区域气象、水文与生态过程新一代气象地质灾害预警的数值模式；考虑中长期、短期和临近相结合的多尺度灾害天气预报系统；对雅鲁藏布江河谷区域复杂下垫面、水域和径流演进与洪涝进行分布式模拟；建立耦合大气－水文－生态、地质环境动力学过程的一体化模型；开发气象、水文与地质环境变化及其相互影响的多源数据融合与同化技术；进行气象、水文与地质灾害综合预报模型的分布并行计算和三维数字仿真；研究基于时、分钟降水长序列资料基础的山洪暴雨强度计算公式。

(4) 耦合致灾、承灾和抗灾因子的灾害综合评估技术。基于气象灾害、水文灾害、地质灾害数据库，利用大数据应用分析技术平台研发气象灾害、水文灾害、地质灾害情势分析和早期预估技术，研究气象灾害－水文－地质灾害链及不同致灾因子相互作用机制；研究气象－水文－地质灾害耦合致灾、承灾和抗灾因子的分布式灾害综合评估技术；研究气象灾害、水文、地质灾害灾后交通、城镇修复风险评估技术；建立面向不同灾种和用户需求的应急响应预案；建立基于云平台的气象灾害、水文、地质灾害综合管理系统。

根据上述关键技术的研究，本节提出藏东南地区极端降水灾害预警体系的初步框架（图 11.5）。

(1) 气象信息采集系统。通过先进的互联网自动采集雅鲁藏布大峡谷内各种气象传感器的观测数据，并进行实时更新。利用雅鲁藏布江水汽通道布设的观测网络，重点关注由南部输送来的水汽引起的藏东南地区灾害性天气过程。其数据包括地面观测、卫星遥感、雷达及自动站短临降水资料，这些数据可精确地反映降水强度及其时空分布特征等信息。

(2) GPS 滑坡监测系统。利用数值模式及资料同化，建立雅鲁藏布大峡谷地区实时的天气预报监测系统。该预报监测系统是中小尺度地形背景下的天－地－空一体化综合气象监视－监测系统，其水平分辨率达 1 km 或更高分辨率。

(3) 预警分析系统。根据数值同化预报系统收集的数据信息，通过灾害风险评估等方法，对泥石流可能爆发的时间、地点及影响范围等进行全面分析。结合对监测预警系统和实时信息系统的综合评估，召开包括科学家、各级政府工作人员和相关职能部门的管理专家等参与的联合会议，确定是否发布灾害预警。

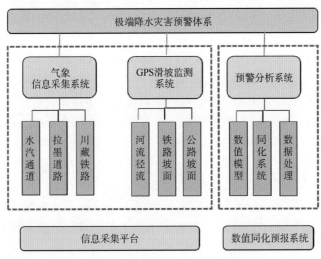

图 11.5　藏东南地区极端降水灾害预警体系

基于卫星的设备，拟采用 C 波段的 Sentinel-1 卫星，监测大区域地表形变信息，从更大区域尽早识别对关键基础设施可能有影响的滑坡、泥石流发生征兆。

（4）信息发布与对策系统。联合会议一旦确定发布预警信息，则会将预警信息及时提交给对接的政府主管部门。

11.3　气象条件引发泥石流、滑坡等级的识别

水汽通道地区各种不良的地质地貌现象高频率、高强度发生，南迦巴瓦峰地区是我国冰雪型、暴雨型泥石流发育的中心之一（杨逸畴等，1987）。该地区是我国藏东南海洋性冰川发育的一个中心，该地区山谷冰川和大面积古冰盖的出现与这条水汽通道作用息息相关，发生的泥石流大都与暴雨和冰川崩塌有关，每年雨季，山崩、滑坡和泥石流等自然灾害不断发生，其常常阻断交通。上述灾害显然都与这条水汽通道带来的充分降水有密切关系。

根据以往的气象信息对过去几十年来强降水、降雪引发的泥石流、滑坡进行等级分类，提取相应的天气背景场信息，建议把天气过程与灾害等级联系，分析可以识别造成灾害性天气的指标，以指导今后该地区灾害预警系统的建立。

实施思路是通过历史多源遥感数据，提取该地区历史发生的滑坡、泥石流事件；整合附近气象台站数据、卫星观测，融合分析触发这些灾害事件发生的气象条件；通过机器学习模型、灾害区域机理模型等手段，建立气象事件与灾害事件的关系，达到对未来气象事件条件下滑坡、泥石流危险性的区划。

具体实施步骤如下：

（1）研究区历史滑坡、泥石流事件提取。采用云计算平台，分析历史遥感数据，如 20 世纪 80 年代以来的 Landsat 数据，结合机器学习算法，从影像中提取滑坡、泥石

流分布，获得不同年份、不同时间的滑坡、泥石流分布数据库。确定过去几十年滑坡、泥石流主要事件发生的时间、区域。

（2）气象条件分析。采用周围站点、卫星观测等气象数据，结合历史主要的滑坡、泥石流爆发事件，分析滑坡、泥石流发生前的气象条件，同时分析研究区所有的类似气象事件。据此再检查历史发生的滑坡、泥石流爆发事件。

（3）滑坡、泥石流灾害区划。对滑坡、泥石流敏感性进行分析。收集区域构造、地质、植被、地形地貌等基本环境静态因子信息，结合上述提取的滑坡分布空间信息，采用机器学习算法，构建区域尺度的滑坡、泥石流敏感性分布地图。基于滑坡、泥石流敏感性分析，对滑坡、泥石流进行危险性分析。青藏高原地区滑坡、泥石流灾害的主要触发因子有地震和降水。因此，我们需要研究能触发特定地点滑坡的地震强度和降水强度，来分析地震和降水触发因子的重访周期，在此基础上建立滑坡、泥石流的危险性分析模型。

参考文献

冯蕾, 周天军. 2017. 20 km高分辨率全球模式对青藏高原夏季降水变化的预估. 高原气象, 36(3): 587-595.

高登义, 邹捍, 王维. 1985. 雅鲁藏布江水汽通道对降水的影响. 山地学报, 3(4): 51-61.

建军, 杨志刚, 卓嘎, 等. 2012. 近30年西藏汛期强降水事件的时空变化特征. 高原气象, 31(2): 380-386.

刘天仇. 1999. 雅鲁藏布江水文特征. 地理学报, 66(s1): 157-164.

徐祥德, 马耀明, 孙婵, 等. 2019. 青藏高原能量、水分循环影响效应. 中国科学院院刊, 34(11): 1293-1305.

杨逸畴, 高登义, 李渤生. 1987. 雅鲁藏布江下游河谷水汽通道初探. 中国科学(B辑), (8): 893-902.

杨志刚, 建军, 洪建昌. 2014. 1961—2010年西藏极端降水事件时空分布特征. 高原气象, 33(1): 37-42.

Ji Z, Kang S. 2013. Double-nested dynamical downscaling experiments over the Tibetan Plateau and their projection of climate change under two RCP Scenarios. Journal of the Atmospheric Sciences, 70(4): 1278-1290.

雅鲁藏布大峡谷水汽通道队考察日志

一、雅鲁藏布大峡谷水汽通道科考分队参加人员名单

2018 年 10 月 8 ～ 20 日水汽通道科考前期选点参加科考人员名单

姓名	性别	职称 / 职务	学位	工作单位	说明
徐祥德	男	院士	硕士	中国气象科学研究院	分队长
陈学龙	男	研究员	博士	中国科学院青藏高原研究所	执行分队长
旺扎	男	副局长	硕士	林芝市气象局	
扎西索朗	男	局长	本科	墨脱县气象局	
王改利	女	研究员	博士	中国气象科学研究院	
彭浩	男	副研究员	学士	中国气象科学研究院	
张胜军	男	副研究员	博士	中国气象科学研究院	
甘衍军	男	助理研究员	博士	中国气象科学研究院	
薛小伟	男	司机	—	中国科学院青藏高原研究所	

2018 年 10 月 29 日～ 11 月 14 日水汽通道设备架设科考人员名单

站点	姓名	性别	职称 / 职务	工作单位	说明
墨脱站（涡动相关系统，GPS 水汽观测仪）	陈学龙	男	研究员	中国科学院青藏高原研究所	水汽输送
	赖悦	男	—	中国科学院青藏高原研究所	无线电探空
	王玉阳	男	—	中国科学院青藏高原研究所	无线电探空
	袁令	男	—	中国科学院青藏高原研究所	自动气象站山谷风观测
排龙站（涡动相关系统）	罗斯琼	女	研究员	中国科学院西北生态环境资源研究院	山谷地气交换通量观测
	王少影	男	副研究员	中国科学院西北生态环境资源研究院	山坡风观测
	李照国	南	副研究员	中国科学院西北生态环境资源研究院	
卡布站（涡动相关系统，GPS 水汽观测仪，多通道微波辐射计）	陈学龙	男	项目研究员	中国科学院青藏高原研究所	水汽输送
	王欣	男	助理研究员	中国科学院西北生态环境资源研究院	山谷地气交换的观测分析
	王作亮	男	工程师	中国科学院西北生态环境资源研究院	仪器维护
	朱磊	男	工程师	北方天穹信息技术（西安）有限公司	
	雷彤	男	工程师	北方天穹信息技术（西安）有限公司	
丹卡站（涡动相关系统）	李茂善	男	研究员	成都信息工程大学	涡动相关
	刘啸然	男	—	成都信息工程大学	山谷地气交换的观测分析
	宋兴宇	男	—	成都信息工程大学	风温廓线观测
西让站	陈学龙	男	项目研究员	中国科学院青藏高原研究所	水汽输送
墨脱站（云雷达、多通道微波辐射计、微雨雷达）	王改利	女	研究员	中国气象科学研究院	云降水物理
	郭辰	男	工程师	杭州浅海科技有限责任公司	多通道微波辐射计和微雨雷达
	杜士成	男	工程师	安徽四创电子股份有限公司	云雷达
	郑海兵	男	司机	中国科学院青藏高原研究所	

2019 年 1 月 22 ～ 24 日科考设备维护、数据下载参加人员名单

姓名	性别	职称 / 职务	学位	工作单位	说明
李茂善	男	研究员	博士	成都信息工程大学	执行分队长
郑海兵	男	司机	—	中国科学院青藏高原研究所	

2019 年 3 月 18 ～ 23 日科考设备维护、数据下载参加人员名单

姓名	性别	职称 / 职务	学位	工作单位	说明
王欣	男	助理研究员	博士	中国科学院西北生态环境资源研究院	执行分队长
张斌	男	司机	—	中国科学院青藏高原研究所	

2019 年 7 月 16 ～ 23 日科考设备维护、数据下载参加人员名单

姓名	性别	职称 / 职务	学位	工作单位	说明
陈学龙	男	研究员	博士	中国科学院青藏高原研究所	执行分队长
赖悦	男	—	硕士	中国科学院青藏高原研究所	
刘亚静	女	—	学士	中国科学院青藏高原研究所	
薛小伟	男	司机	—	中国科学院青藏高原研究所	

2019 年 10 月 10 ～ 29 日科考设备维护、数据下载参加人员名单

姓名	性别	职称 / 职务	学位	工作单位	说明
陈学龙	男	研究员	博士	中国科学院青藏高原研究所	执行分队长
高登义	男	研究员	博士	中国科学院大气物理研究所	
李璐含	女	—	硕士	中国科学院青藏高原研究所	
甘芳龙	男	工程师	—	北方天穹信息技术（西安）有限公司	
刘银松	男	工程师	—	四川西物激光技术有限公司	
夏俊荣	男	副教授	博士	南京信息工程大学	
常乐	男	无人机飞手	—	信大智能科技（江苏）有限公司	
张成虎	男	无人机飞手	—	信大智能科技（江苏）有限公司	
田金文	男	记者	—	新华社西藏分社	
孙菲	男	记者	—	新华社西藏分社	
薛小伟	男	司机	—	中国科学院青藏高原研究所	
张斌	男	司机	—	中国科学院青藏高原研究所	

二、雅鲁藏布大峡谷水汽通道科考分队考察日志

2018 年科学考察（前期选点、设备架设）日程

考查内容：雅鲁藏布大峡谷水汽通道科学考察		考察区域：拉萨—林芝—波密—墨脱—林芝—拉萨	考察时间：2018 年 10 月 7 ~ 22 日，10 月 27 日 ~ 11 月 16 日		
领队	徐祥德、陈学龙	队员	李茂善、罗斯琼、李照国、宋兴宇、赖悦、王玉阳、袁令、王作亮、王欣、朱磊、雷彤、薛小伟、郑海兵、张斌、彭小辉		
日期（每天）	工作内容（如分组则分别填写）		停留地点	交通工具	住宿地点
10 月 7 日	薛小伟开车从拉萨到林芝		林芝	越野车	林芝
10 月 8 日	陈学龙乘机从北京到林芝		林芝	飞机	波密
10 月 9 日	林芝—波密		波密	越野车	波密
10 月 10 日	波密—墨脱		墨脱	越野车	墨脱
10 月 11 ~ 16 日	墨脱考察仪器架设选点		墨脱	越野车	墨脱
10 月 17 ~ 19 日	墨脱—拉萨		拉萨	越野车	拉萨基地
10 月 20 日	陈学龙选点结束从拉萨返回北京		—	飞机	—
10 月 27 日	袁令、王欣、王作亮分别从北京、兰州到达拉萨		拉萨	越野车	拉萨基地
10 月 28 日	在拉萨基地整理科考所需仪器		拉萨	越野车	拉萨基地
10 月 29 日	罗斯琼、李照国、宋兴宇乘机从西宁到拉萨（中国科学院寒区旱区环境与工程研究所司机彭小辉开车将 3 人从兰州送至西宁）		拉萨	飞机	拉萨基地
10 月 30 日	陈学龙、赖悦、王玉阳乘机从北京到达林芝，当晚到达墨脱		墨脱	飞机、越野车	墨脱
10 月 31 日 ~ 11 月 14 日	科考队员分别在墨脱站、西让站、卡布站、波密站、排龙站、藏东南站等地架设涡动相关系统、GNSS 水汽接收机、微波辐射计、自动气象站等设备		墨脱、波密、藏东南站	越野车	墨脱、藏东南站
11 月 15 日	赖悦、王玉阳、袁令从林芝返回北京，北方天穹信息技术（西安）有限公司工程师朱磊、雷彤从林芝返回西安		—	飞机	—
11 月 16 日	薛小伟、郑海兵开车从林芝返回拉萨		拉萨	越野车	拉萨基地

2019年科学考察（设备维护、数据下载）日程

日期	地点	考察内容	科考人员
2019 年 1 月 22～24 日	成都—林芝—丹卡—排龙	对丹卡站和排龙站设备进行维护并下载数据	李茂善；郑海兵（司机）
2019 年 3 月 18～23 日	兰州—林芝—波密—墨脱	对背崩、墨脱、卡布、80K 等站点的涡动相关系统、雨量筒、辐射表、微波辐射计做了维护和数据下载；购置太阳能板和蓄电池，解决了墨脱站通量系统夜晚供电不足问题；发现墨脱站辐射四分量表进水，后将其带到北京联系国外厂家进行更换	王欣；张斌（司机）
2019 年 4 月 25～29 日	北京—成都—林芝—波密	对藏东南、丹卡和排龙站的设备进行维护；对排龙站的围栏做了加固；购置太阳能板解决了丹卡站夜晚供电不足的问题	陈学龙、赖悦；薛小伟（司机）
2019 年 7 月 16～23 日	林芝—波密—卡布—墨脱—背崩	对科考分队 2018 年建立的观测网络进行了全面维护和数据下载，并重新加固了丹卡站的围栏；发现卡布站微波辐射计电脑的无线上网路由器因电池膨胀无法正常工作，后期购置了新的无线上网路由器，但由于 7 月 29 日至 8 月底波密—墨脱沿线全面封路，所有车辆和人员均无法到达卡布，委托村民白玛曲扎留意该村停电和来电后启动微波辐射计；下载雨量筒数据时发现东仁的雨量筒下水孔被蚊虫堵住，做了清理，从累积降水的变化来看，该问题影响不大，但可能影响该站点降水强度的变化，后期数据分析需要留意该问题。其他雨量筒均正常工作。为了清理雨量筒的存储空间，所有雨量筒均设置成从 0 进行计数。墨脱站的 GPS 水汽观测仪第一次连接成功，但后期再也没有连接成功，后带到北京销售公司处进行修理，但是前期的观测数据全部丢失，设备被带回林芝由于道路封锁无法进入墨脱，故墨脱站 GPS 水汽观测停止。7 月 28 日～8 月 2 日在藏东南释放了 24 次无线电探空，利用该数据评估了该站的微波辐射计观测的温湿度的准确性；前期联系了四川西物激光技术有限公司，该公司免费提供一台激光测风雷达布设于藏东南，结合微波辐射计的温湿度对该地区的水汽输送通量做连续观测；另外，北京旗云创科技有限责任公司免费提供一台全天空成像仪，因墨脱道路封锁无法将其架设到墨脱站，故暂时安装在藏东南。为了实时采集激光风廓线仪和全天空成像仪的数据，购置了一台笔记本电脑作为数据采集终端	队长：陈学龙；队员：赖悦、李璐含、刘亚静；司机：薛小伟
2019 年 10 月 20～29 日	北京—成都—林芝—波密—卡布—墨脱—背崩—西让	沿途对排龙、单卡、80K、喜荣沟、东仁、卡布、米日、墨脱、亚让、背崩、西让等站的全部观测设备进行维护和数据下载，对卡布、墨脱站的设备线路加装 PVC 保护管，为卡布站微波辐射计安装新的上网卡，在墨脱县村民家布设了天空成像仪和激光测风雷达。与各个点的农民新签署了观测场地租用合同	队长：陈学龙；队员：高登义、李璐晗；司机：薛小伟、张斌
2019 年 10 月 21～27 日	10 月 21 日分别由西安、成都飞林芝，加入科考分队，后于 27 日返回	在藏东南站和卡布站进行多通道微波辐射计标定，在墨脱站安装激光测风雷达	刘银松、甘芳龙
2019 年 10 月 19～29 日	由拉萨开车到林芝，加入科考分队，后一起返回林芝、拉萨	随行记者对本次科考进行了新闻报道	田金文、孙菲；张斌（司机）
2019 年 10 月 10～27 日	南京到林芝后由林芝返回	2019 年 10 月 15～27 日在林芝市巴宜区鲁朗镇中国科学院藏东南高山环境综合观测研究站实施无人机大气探空试验，观测大气温、湿度，每天进行 6 次观测	夏俊荣、张成虎、常乐